C++程序设计系列教材

C++程序设计教程

（第3版）实验指导

◎ 钱能 著

清華大學出版社
北京

内 容 简 介

本书作为《C++程序设计教程（通用版）》（第 3 版）和《C++程序设计教程（竞技版）-微课视频版》（第 3 版）的配套实验指导，从内容体系、结构布局、实验环境、课程目标以及实验细节上都做了详细介绍。

本书包含三部分内容：入门编程、基础编程和设计与组织，各部分均由"实验概述""样板实验""实验内容""解题指导"4 章构成。其中，"实验内容"部分包含五套实验和一个阶段测验。

本书可作为高等学校"C++程序设计"课程的辅助教材，也可作为立志自学成才的读者的参考书，帮助他们从零开始走向高级程序员。

图书在版编目（CIP）数据

C++程序设计教程（第 3 版）实验指导/钱能著. —北京：清华大学出版社，2024.1

C++程序设计系列教材

ISBN 978-7-302-63931-2

Ⅰ. ①C… Ⅱ. ①钱… Ⅲ. ①C 语言－程序设计－高等学校－教学参考资料 Ⅳ. ①TP312.8

中国国家版本馆 CIP 数据核字（2023）第 115955 号

策划编辑： 魏江江
责任编辑： 王冰飞
封面设计： 刘　键
责任校对： 时翠兰
责任印制： 杨　艳

出版发行： 清华大学出版社

网　址：https://www.tup.com.cn, https://www.wqxuetang.com
地　址：北京清华大学学研大厦 A 座　　邮　编：100084
社 总 机：010-83470000　　邮　购：010-62786544
投稿与读者服务：010-62776969, c-service@tup.tsinghua.edu.cn
质量反馈：010-62772015, zhiliang@tup.tsinghua.edu.cn
课件下载：https://www.tup.com.cn, 010-83470236

印 装 者：三河市铭诚印务有限公司
经　销：全国新华书店
开　本：185mm×260mm　　印　张：14.25　　字　数：350 千字
版　次：2024 年 1 月第 1 版　　印　次：2024 年 1 月第 1 次印刷
印　数：1～1500
定　价：45.00 元

产品编号：098197-01

前言(Preface)

党的二十大报告指出，教育、科技、人才是全面建设社会主义现代化国家的基础性、战略性支撑。必须坚持科技是第一生产力、人才是第一资源、创新是第一动力，深入实施科教兴国战略、人才强国战略、创新驱动发展战略，开辟发展新领域新赛道，不断塑造发展新动能新优势。

本书是《C++程序设计教程（通用版）》（第 3 版）和《C++程序设计教程（竞技版）-微课视频版》（第 3 版）（以下统称主教材）的配套用书。本书从题目设计、测试数据的构造到难易的把握、整体的布局，都是围绕 C++程序设计课程教学安排的，因而本书中实验的设计自成一个课程知识体系。这有利于问题驱动的教学模式，更好地进行师生互动，提高教学效果。

本书包含三部分内容，各部分均由“实验概述”“样板实验”“实验内容”“解题指导”4 章构成。其中，“实验内容”部分包含五套实验和一个阶段测验，以供教师和学生选择使用。

第一部分为入门编程，目的在于掌握 C++程序设计的基本操作与编程的基本描述技能，以便展开有深度的编程分析与逻辑描述的思考。本部分是能否学到 C++编程要领的关键，如果第一部分没有掌握，宁可重学，也千万不要跟读后面的内容，因为没有表达能力与调试经验，所从事的编程逻辑思考恰似无本之木、无源之水，虽努力撑持，最后也只能痛言放弃。

第二部分为基础编程，目的是掌握 C++程序设计的基本方法，提高以编程解决实际问题的能力。这部分内容学得是否到位，是能否成为一名真正程序员的分水岭。因为搞任何理论性研究，都离不开抽象思维、数学和算法思想。对科学研究来说，语言编程环境只不过是个具体的描述工具而已。另一方面，搞任何系统开发，都离不开对编程语言、编程工具、编程资源的了解，而这一切都与充分进行的编程实践密切相关。程序设计课程的后续课程“数据结构与算法”正是为了强化这两个目的而开设的。

第三部分为设计与组织，它主要面向编程方法，让读者了解和掌握如何对程序进行合理的布局组织与结构划分。编程方法有多少种，程序结构的形式就有多少种，因此，学会了程序组织的不同形式，也就从实践环节上看透了各种编程方法的差异与联系，同时也熟悉了多文件结构的程序工程调试、过程化与对象化程序设计、面向对象程序设计及模板的设计，从而从抽象设计、问题分析、设计与代码描述一体化及系统实现等角度，了解 C++ 的语言描述能力，以及操作系统与语言系统的联系。

本书的目标是与主教材密切配合，让读者以自学提高为主，逐步具备自学编程的能力，即综合分析问题、解决问题的能力与编程技能的同步提高，以便能够独立研读算法理论和系统开发指导等书籍，辅之以网上讨论、专家点拨，最终实现自己的能力提升。

为便于教学，本书提供程序源码等配套资源。程序源码包括本书三部分中的全部实验的参考解答代码和输入输出测试数据。书中的所有代码都在 Borland C++ Builder 6（简称

BCB6）上测试通过。扫描封底的文泉云盘防盗码，再扫描目录上方的二维码，可以下载程序源码。

在本书的写作过程中，得到了多方面的帮助。网评和论坛也给了笔者许多启示，甚至有些读者发电子邮件直接说是为了激励笔者写出更好的书。因而笔者所写的书，似乎出自大家的手。感谢为笔者提供资源，为笔者创造条件，让笔者静下心来的人们！在他们的关照、呵护和鼓励下，笔者的写作过程充满了灵感。好吧，再往前行，接着写下一本，努力满足读者的要求。

钱　能

2024 年 1 月

目录(Contents)

源码下载

第一部分　入 门 编 程

第二部分 基础编程

第三部分　设计与组织

第一部分　入门编程

入门编程的学习目标在于掌握 C++程序设计的操作技能与基本编程描述技巧。

编程目标的如此定位，决定了编程学习的实践主导模式，也决定了编程能力的基本因素是技能而不仅是知识。考核编程能力的方式是一定知识背景下的上机实验，而不是以书面形式考核的、缺乏充分实践因而可能曲解的知识点。

刚开始学习编程，首先面临的是操作技能关。编程经验都来自于操作实践，没有实践基础的编程能力，从何谈起都不知道。

有了操作技能，就可以慢慢地从书本中领略所包含的知识了。操作技能应该反映在整个编程过程的实践活动中，从编辑代码到编译链接，从调试运行到代码提交，从在操作系统中对各种类型的文件创建到编程设计中对文件的输入输出等各类操作。因此，这些对于在开发环境中创建程序工程的概念，编译查错的能力，调试并发现错误的能力，包括对提交测试结果的分析能力，是一个综合的考量。

入门编程还包括学习基本的 C++程序设计的表达能力，即将算法思想转换成程序代码的能力。为了能准确、高效地描述算法思想，有必要学习诸多的编程描述技巧。其中包括对输入输出的文件操作，熟悉语言中的各种循环控制的方法和结构，从而深入理解循环的控制能力。同时学会函数的声明、定义和调用，递归函数的调用方法，直至代码优化的各种方法。编程技巧还包括学习能够降低循环嵌套层数的重复字串表示，充分利用整型数的特征，进行二进制转换和位操作带来的代码优化，浮点数的比较技巧，条件表达式和条件语句的适时转换，条件表达式中逻辑短路语句的表达技巧和使用经验，以及一些 STL 的算法和容器使用方法，慢慢地引导读者权衡不同解题方法的性能，以展开比较有深度的编程分析与逻辑描述的思考。

第一部分的学习，是学习操作技能和算法思想到程序代码的转换技能，没有这部分的学习，而直接进入对解决问题能力的追求和对运行性能的追求都是一句空话。因而第一部分的学习和领悟是展开第二部分学习的必要条件。

第一部分是能否学到 C++编程要领的关键。如果第一部分的知识点没有掌握，宁可重学，也千万不要跟读后面的内容。因为没有语言表达能力和编程验证的方法，就没有自我学习与研究的能力，即使看了许多编程方法与算法的书，独立进行了许多编程逻辑思考，但终究没有实践的经验，以致到最后论及编程能力，一无所有。

第1章 实验概述

1.1 实验目标

□ 总体目标

掌握 C++程序设计的基本操作技能，实践程序编译、运行与调试

（1）重点掌握各种内部数据类型，数值与逻辑运算，各种表达式，函数的声明、定义及调用。

（2）掌握过程控制编程方法，正确编制多重循环过程，对简单问题能够临场加以解决。

（3）学会使用简单的 C++ 标准库。

（4）了解程序质量的相关要素，对可移植性、可维护性、可扩展性、易读性、正确性、健壮性以及时间与空间效率有初步的认识。

（5）养成良好的编程习惯，形成自己的编程风格。

□ 具体目标

（1）掌握操作技能。学会启动编程工具，创建 console 项目，设置路径，添加程序文件，编辑文件内容，更换程序文件，建立数据文件，存储 console 项目。

（2）掌握编译链接技能。学会对程序文件进行编译，对程序进行链接，生成可执行文件，获得查找和纠正编译与链接错误的基本能力。

（3）逐步积累调试技能。能够在调试环境和 Windows 命令提示符环境下运行程序；能够在调试环境设置运行断点，单步运行程序代码，在运行中查看变量值，中止运行，查看运行结果；学会判断运行出错的位置，了解错误原因。

（4）学会控制语句的描述与使用。掌握单重循环及多重循环控制，学会处理简单的逻辑及计算问题，体会不同语句表达同一语义之间的差别，学会构造语句块、条件与赋值表达式。

（5）学习标准流、文件流及字串流操作。能够打开、读写文件，从标准流、文件流及字串流中读入各种基本类型的数据，能进行流结束的判断与控制，能进行标准流输入的终止操作。

（6）学习将代码拆分成若干函数。掌握函数的声明、定义和调用方法，正确描述参数和传递参数，正确描述返回类型和书写返回语句。

（7）初步学习分析问题的方法。能够从问题描述以及从样本输入数据与样本输出数据的关系中了解问题，能够仔细理解问题描述，并能分析测试数据的表示范围。

❑ 几个要点

（1）如何在 Borland C++ Builder 6 中创建一个 console 项目，并且正确设置路径。创建过程总是需要与 Windows 操作达成默契，即在 Windows 中创建一个自己的文件夹，以存放自己的程序代码和数据文件（☞附录 A“实验操作指南”）。

（2）在进入 C++ Builder 的代码编辑窗口后，如何输入程序代码。或许最开始是输入一些样本代码，但要逐步了解一些快捷键的功能，如 Ctrl+Y 是删除当前行，Ctrl+Z 是撤销当前操作等。

（3）在代码编写中学习如何读取数据文件中的数据和判断数据读取结束状态，同一处理目标可以由不同的代码实现。初学者应先了解各种表达方法，再模仿比较简洁高效的方法。

（4）学习解决问题的步骤，即从分析着手，先思考算法，再编写代码，然后进入编译调试的过程。在熟悉简单的编程方法后，可以直接在编写代码过程中表达算法意图，即合并思考算法和编写代码过程。

（5）代码编写完成后，即可进行编译和连接。编译中会出现一些意想不到的错误，读者需要根据编译错误信息的提示将错误逐一找出。要了解到虽然有编译信息提示，但编译系统并不足够智能，它无法了解程序员的编码目的，对于代码错误，它只是按照语言的语法机械地列举其不符规则的错误事实。因而，查找错误需要靠一定程度的经验来判断，错误查找能力与经验的积累成正比。对初学者来说，查错是一个重要的学习内容。

（6）编译完成后，即可进入运行调试阶段。在运行中很可能会发生运行异常中止或运行结果与期望不符的情况。查找运行中出现错误的位置或原因，并且修改代码直至正确的过程，称为调试。修改运行错误远比修改编译错误困难得多，因为运行中出现的运行异常或结果不符都是对程序代码整体而言的，在编译阶段尚有出错提示信息，而运行阶段则没有任何出错提示。初学者往往会对产生的错误，特别是对运行异常的错误无从下手，建议从查找出错的位置着手。读者在学习初步的编程方法之后，如何真正提高编程技能，则与调试经验密切相关。程序员很大程度上是在不断的代码调试过程中成长的。

（7）经常会发生这样的情况，针对样本数据的程序运行得到了正确结果，但提交之后被判定为错误，这说明代码只能适合其数据范围的一个子集，并不能满足包括边界值在内的测试数据集合，代码中还存在潜在的错误。这同样属于调试过程，但发现与改正错误的过程更为艰难，它与正确理解题意和测试边界数据有关。

1.2 实验环境

❑ 单机实验环境

1 操作系统环境

对个人单机的配置没有严格的要求，只要可以访问外网，可以运行 C++调试环境即可。大多数人可能在 Windows 环境下安装 C++开发环境。

2 C++环境

在 Windows 环境下，常用的软件有 Microsoft Visual C++ 6（简称 VC6）、Borland C++ Builder 6（简称 BCB6）、Dev-C++ 4（采用 G++编译器）。如果安装了微软的 .NET 套件，则支持 Visual C++ .NET 的编译器（VC7 或 VC8）。

从初学者的角度来选择 C++的工具，其标准 C++实现的程度、系统使用的方便与简洁性、Help 功能的易用性、调试功能的强大与否，都是选择使用的参考依据。表 1-1 列出了几种 C++工具的比较情况。

表 1-1　几种 C++工具对初学者的适合程度①

工具	标准 C++	Help 功能	调试功能	人气	方便性	适合初学者
VC6	★★	★★★	★★★	★★★★	★★★★	★★★
BCB6	★★★★	★★★★	★★★★	★★★	★★★★	★★★★
Dev-C++ 4	★★★★	★★	★★	★★	★★★	★★★★
VC++ .NET	★★★★	★★★	★★★	★	★★	★★

从表 1-1 中可以看出，当前使用各 C++工具的人气与该工具使用的方便性密切相关，相对来说，BCB6 软件规模比较庞大，甚至初学者安装成功率都比较低，但仍然具有相当的人气。

VC6 最大的影响因素也许是它的用户群，许多高校都以该软件作为学习 C++的工具，许多公司和科研机构也用它开发软件。它使用比较方便，性能也比较好，再加上得天独厚的微软 Windows 环境，在学习 C++之后，立即可以用它进行应用开发。

Dev-C++ 4 的最大特点是软件共享性，下载和安装都很方便，而且它的标准 C++程度较高，操作界面比较方便。

BCB6 最大的特点是标准 C++程度相对较高，调试功能强大，而且 Help 功能比较好。对于初学者来说，学习比较方便。

VC++ .NET 充分采用了标准 C++，但是安装环境或使用学习方面稍微复杂一些，Help 功能比较专业化，不太适合初学者学习。

综合上述描述，适合初学者的工具应以 Dev-C++和 BCB6 两款软件为好。本书附录中介绍了 BCB6 的使用方法，列出了其操作说明和错误信息，同时也在清华大学出版社网站上提供了用 VC6 解答的代码，读者可比较与标准 C++程序的差异，对于其他 C++编译器也有借鉴作用。

1.3　实验安排

☐ 第一套实验

1 实验准备

简单阅读主教材《C++程序设计教程》（第 3 版）第 1 章。

① 各项指标的评价来自作者的使用经验，仅供参考。

学习使用C++工具BCB6或其他工具。

2 做第一部分的第一套实验

第一套实验共6个问题。

如果不会操作，则回到实验准备阶段，重新学习C++工具或OPS系统。

如果不会编写代码，则阅读第4.1节“第一套实验”的解题指导，并仔细阅读第1.4节的做题步骤。

如果还不会编写代码或操作 C++环境，则停止“学习”过程，检查自己的机器环境是否完好，或反思自己的信心是否足备。

初学者在没有任何编程经验的前提下，一味看书已被证实并没有益处，此时，与人沟通是第一要务。

❑ 第二～五套实验

1 实验准备

阅读主教材《C++程序设计教程》（第3版）第1～4章的内容，了解大致的解题方法。

阅读附录B“BCB6常见编译错误”，了解编译错误信息的表示方式，便于实验过程中查阅。

学习第1.4节的实验过程，了解实验过程中的调试方法，便于模仿学习。

2 做第二套实验～第五套实验

如果不会解决问题，则阅读第4.2节的第二套实验的解题指导及之后的诸解题指导，学习思路并模仿代码。

如果不会操作，则回到第一套实验。

如果看到错误但不会修正，则回到实验准备阶段，求助同学和老师，学习查找编译错误和调试方法。

初学者主要学习的是调试经验，而调试经验是一个缓慢的积累过程。明白编程的难学之处在于漫长的调试经验的积累过程。只有积累了调试经验，算法思想才能开始付诸实施，编程便开始有了快乐，这是编程学习的一大秘诀。

1.4 做题步骤

❑ 分析理解

（1）推算样本输入与输出数据之间的关系（确认对题意的正确理解）。

（2）确定输入数据的读入单位（每组数据的类型与个数）。

（3）确定每组输入数据与计算过程的对应关系。

（4）确定输入、处理和输出的数据存储方案。

（5）分析数学计算过程（算法、表达式、流程图等）。

（6）将数学计算过程转换成程序代码。

（7）确定输入数据的结束条件和控制实现。

（8）构造输入过程、处理过程和输出过程，很多时候这三个过程可以合并。

（9）分析数据表示范围，有些范围是题目中明确的，有些范围是根据逻辑关系推断的。

（10）设计若干组不同于样本输入的边界数据以帮助调试。

（11）分析输出格式的实现方案。

❑ 算法描述

算法是对整个程序运行的操作顺序进行的结构性描述，编程则是将算法具体实现为能够运行的程序代码。

算法的文字描述是按有序的步骤描述操作过程，其中的步骤可以转移到其他的步骤，形成控制结构，也可以转移到另一个独立的算法文字描述，形成过程调用。

算法中的结构控制是通过转移到其他的步骤来完成的，类似程序中的 goto 语句，因而比较原始。为了使算法描述更具结构性，一般的算法往往采用某种编程语言来描述。在这里，因为算法文字描述的过渡性（以后便用 C++语言直接在代码中描述），我们仍然采用原始的方式。例如，下列分别表示有循环结构和无循环结构的不同算法文字描述。无循环的算法描述将读入数据按奇偶性打印；有循环的算法描述 1~n 的逐项求和，并打印结果的过程。

1 奇偶判断算法

第一步：创建一个输入变量 n。

第二步：输入一个整数 n。

第三步：判断 n 是否为偶数。

第四步：若 n 为偶数，则输出“偶数”并转到第六步。

第五步：若 n 为奇数，则输出“奇数”。

第六步：结束。

2 逐项求和算法

第一步：创建一个输入变量 n。

第二步：输入一个整数 n。

第三步：定义变量 sum 初值为 0，定义循环变量 i 初值为 1。

第四步：判断 i 是否等于 n。

第五步：若 i 不为 n，则将 i 值加到 sum 中，然后将 i 加 1 并转到第四步。

第六步：若 i 为 n，则输出 sum。

第七步：结束。

算法的流程图描述是用一些图形元素的组合来形象地描述动作序列的过程。通过箭头可以看清控制的流动，通过各种图形框可以区分各种不同性质的操作。例如，图 1-1 分别表示了上面的两个算法。

在图 1-1 中，椭圆形框表示开始和结束；平行四边形框表示输入与输出操作；菱形框表示条件判断操作；矩形框表示一般的处理。操作顺序循着箭头所指的方向流动，遇到菱形框时，流动的方向取决条件判断的真或假，在菱形框的两个出口处标有真或假的记号，以明示其出路。

算法的文字描述和流程图描述可以一一对应，它们又都可以用某种编程语言来描述，用编程语言描述比用文字描述更能体现其结构。算法的文字描述比较细密周到，而流程图描述比较直观。有的人喜欢用文字描述，有的人喜欢用流程图描述，因人而异。不管哪一种描述都是学习编程的一个过渡，因为编程是实战，可以切实地表达算法的实现性，同时，语言可以抽象也可以具体，因而可以作为展开算法描述的较好手段。

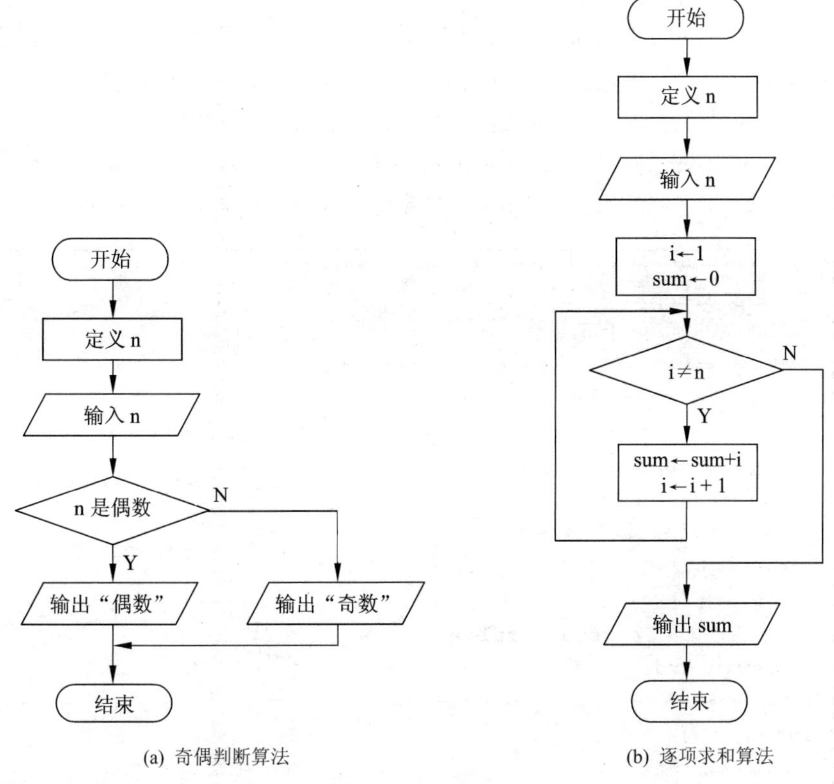

(a) 奇偶判断算法 (b) 逐项求和算法

图 1-1 两个算法的流程

❑ 代码风格

代码描述了呈结构性的语句集合。编写代码除了把关键算法思想描述清楚外，还需要可运行性，即代码的完整性。代码需要包含必要的资源，任何对实体的声明或定义、表达式、过程调用，都必须严格符合语言的语法，保证其在编译和链接后能够正确运行，这也是代码与算法描述的区别所在。

代码除了正确性，还体现了一定的风格。因为语句的结构性描述完全可以因人而异。通俗地说，代码风格就是代码中体现的好看和易懂的个性。代码风格也是代码质量的衡量标准之一。程序员为了提升代码质量，也在努力提高代码的可读性，在编程路途中慢慢地形成自己独特的代码书写风格。程序员可以通过使用不同的语句描述同样的算法，通过独特的书写格式，简洁明快地表达代码的意图。

（1）代码就像作文，作文有标题、作者、时间和地点，代码也有相应的代码标题（反映其功能），正规的软件开发中也一定附带代码的编写者和编写时间、版本等信息。所以初级代码至少应包含标题信息。

（2）初级代码中以函数为块单位进行描述，应有区分函数之间的明显界限。

（3）块可以嵌套，块中语句也可以包含语句。为了体现其结构性，块与子块，语句与子句应该有区分，通常的做法是锯齿形代码。

（4）在算法描述的理解困难之处应有简短的代码注释。

（5）代码不能因太松散而影响可读性。

作者在本书中采用初级代码的风格，每个完整的代码头上都有一个标题，并用注释线区分代码头上说明部分和实际执行部分以及区分各个函数块。由于注释线能够明显区分各函数块，所以作者便弱化了块分隔符（花括号对）的界限作用，总是将左花括号放到函数声明头的最右端或循环结构体说明的最右端，以体现语句紧凑的效果。

同时，尽量多用 for 循环结构，少用 while 结构，也是增强代码结构性、简化代码、又不失性能的良好风格。例如，图 1-2 选用了主教材第 6 章中的 f0618.cpp 代码示例加以说明。

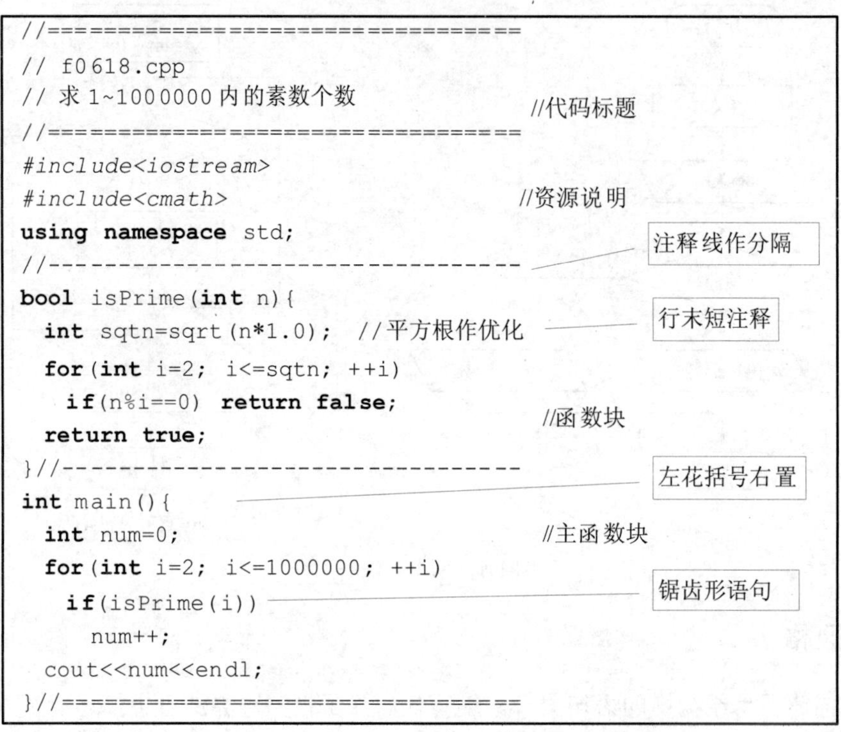

```
//==================================
// f0618.cpp
// 求 1~1000000 内的素数个数
//==================================
#include<iostream>
#include<cmath>
using namespace std;
//----------------------------------
bool isPrime(int n){
  int sqtn=sqrt(n*1.0);  //平方根作优化
  for(int i=2; i<=sqtn; ++i)
    if(n%i==0) return false;
  return true;
}//---------------------------------
int main(){
  int num=0;
  for(int i=2; i<=1000000; ++i)
    if(isPrime(i))
      num++;
  cout<<num<<endl;
}//=================================
```


图 1-2　代码风格样本

当把代码输入编辑窗口后，语言中的关键字（如类型名 int）就会自动加黑，这对于防止编辑中的拼写错误很有好处，所以，编辑代码最好在开发软件的集成环境中进行，而尽量不在文本编辑软件之类的窗口中进行。

按一定的风格书写，则可以避免代码的一些结构性错误（如花括号配对、循环的包含关系等），而且各功能块之间区分明显，即使发生编译和调试错误，检查和跟踪也会比较容易。

❑ 代码编译

编译错误发生时，会给出一些错误信息，根据这些错误信息，可以查找发生错误的原因。但是，编译的错误信息大多数不是直接指示错误的位置，而是“拐弯抹角”地道出因违反哪一款语法规则而报错。因此，作为初学者，要学会查找真正的错误原因。下面列举一些作者常遇到的编译错误的情况。

（1）错误信息显示的错误位置不一定为错误发生位置。例如：

```
void f(){
  int a
  int b=a;     //E2141: 声明格式错。但显然是因上句漏了分号引起出错
}
```

C++语法以分号为语句分隔符，而回车只是一个空格、一个词法分隔符而已，所以没有分号的行，与下一行视同为一条语句。这是 C++继承了 C 的语句格式特征，给程序员带来了很大的风格变易余地，也带来了富有创意的表达灵活性，但对初学者来说，只有适应了它才能成为好事。

注意：对待编译错误，应根据行号找到标志错误的位置，先辨认该行语句是否有错，不要认为该语句一定有错，在上下句中观察一下，特别是语句格式错误，更是与上下文有关。

（2）编译发现多个错误，但并不一定存在多个错误。例如：

```
void f(){
  in a;           //E2451: 不认识名字in;   E2379: 名字in后漏了字母t
  int b=a;        //E2451: 不认识名字a。  上条语句错误，连累了本语句中的a
}
```

编译在发现错误以后，即不让该语句被正常编译，导致后续依赖于该语句的语句产生错误。编译显示三个错误，即关键字 int 漏了字母 t。

注意：针对编译显示的多个错误，找到和改正一个错误后，不要继续找第二个错误，而是重新编译，在重新编译的基础上再查找新的错误。

（3）编译可能会针对同一处显示多个错误。例如：

```
void f(){
  for ; ; )    //E2376: 语句缺左括号;  E2188: 表达式错误
    int a=0;
}
```

编译器针对同一个位置的语句，可能同时套上多条语法规则错误，因为前一个错误导致对本语法单位的编译中止，而使本语法单位作为整体又套上另一个语法错误，结果便在同一条语句显示多个错误。

注意：与上一条策略相似，看见编译器显示许多错误，无须着急，当一个错误被纠正之后，也许所有的错误就都消失了，也许又会发现从没有出现过的编译错误。

（4）编译只显示一个错误，其实可能暗藏着其他还没有被发现的错误。例如：

```
//#define C++
#ifndef C++
#error Non-C++ error     //F1003: 编译根据指示，产生一个致命错误
#endif
```

F 开头的错误号为致命错误。编译器遇到致命错误，便会立即停止编译，后面的可能错误因而就未被检查和发现。在上例程序员编写的代码中，在发现没有定义 C++（#define C++）这个名字的前提下，会人为产生一个致命错误以阻止继续编译。例如，本代码是用 C 编写

的，但编译开关却设置成按 C++ 编译，于是即使编译了代码，可能也是错的。尽早发现，给个致命错误，中止编译了事。

注意：遇到致命错误的情况，由于编译强行中止，无法知道本代码的其他错误，只有在改正致命错误以后，重新编译，才会正常编译代码的其他部分。

（5）警告可能是不能忽略的错误，也可能是可不予理睬的错误。例如：

```
void g(){
  const int a=3;
  int b=7/(a-3);  //W8082：除数为0
}
```

由于 a 为常量，编译会对全部包含常量和字面值的表达式进行计算以优化运行过程，结果发现一个除数为 0 的错误。但是从语法上，不能说这是一个错误，合法而不合理的事在我们周围到处都是，编译器对其只能是警告。但是，从代码编写的角度来看，编译器确实帮助我们发现了一个编程错误。

又例如：

```
#include<vector>
void f(){
  std::vector<int> a(3);
  for(int i=0; i<a.size(); ++i)  //W8012：有符号数与无符号数进行比较
    a[i] = i+1;
}
```

变量 i 是有符号整数，a.size()是无符号整数，因此两种类型的数做一个操作（i<a.size()），逻辑上带有某种不安全性。在计算机内部，负数也是作为二进制数来描述的，当有符号与无符号数进行比较时，系统先将有符号数转换成无符号数，再进行比较。结果–1 转换成无符号数，就会大于整数 5。因此，编译对于有潜在错误的操作，会人性化地给出警告。

对于本例来说，代码书写时已经限制了变量 i 的初值为 0，以后只做适当次数的++操作，因此它的符号与 a.size()是相同符号的，可以排除不安全性，因此该警告可以忽略。

注意：遇到警告，必须小心，应该以对待编译错误的心态来对待警告，必须知道为什么警告。

附录 B 给出了 BCB6 常见编译错误示例，可以把它当作学习和查找编译错误的案头参考，对于不同的编译器也有参考价值。很多查找编译错误的经验，是要在编程中慢慢积累的，因为编译并不仅是封闭在一个调试平台内的，它还受到操作系统甚至网络环境的制约，千差万别的计算机环境配置也会影响编译的状态。读者提高了编译查错技能后，其编程总体能力也会有所提高。

❑ 代码调试

1 建立数据文件

（1）数据文件的作用。

代码经过编译和链接后，便是一个可以运行的合法程序了。但是合法并不等于正确，必须给予一些数据，让其运行，通过运行结果来判定其正确性。

程序在运行中，有两种获得数据的方式，一个是从标准输入（即键盘）中获取，另一个是从数据文件中获取。键盘输入因为有互动的因素，会阻碍程序获得准确的运行时间，而且不利于测试大量数据的输入操作。文件输入则要在程序代码中加入文件创建语句，这对生疏的初学者来说有些麻烦，但一旦学会了使用，便会感到方便。

让程序运行在读取数据文件的状态下，而不是处于手工输入状态，便能够模拟系统测试时的运行。因为在手工输入数据过程中，还会在正确数据格式之外或多或少地插入一些回车符，这对于某些对回车符敏感的输入方式来说，会带来运行的不正确性。使用数据文件能提高重复测试的效率，并且可以灵活地变更数据，防止数据丢失，这些都是手工输入所不具备的优势。因此初学时，有必要掌握创建数据文件并从文件中读取数据的方法。

（2）在文件夹中创建数据文件。

创建数据文件时，虽然可以使用任何的文件扩展名，但使用.txt 扩展名的文本文件更为方便，打开时无须选择文件编辑器。命名文件的长度一般不要超过 8 个字符，以便与低版本的命令提示符环境相容，取得最大的兼容性。应该将数据文件创建在自己的 console 项目文件夹中，与程序代码文件放在一起（参考附录 A）。创建文件可以在 Windows 环境中进行，也可以在开发平台中进行。例如，console 项目设置在文件夹 f:\programming\，那么，在该文件夹下创建一个 aaa.txt 文件，编辑该文件，输入所需要的数据，或直接从题目中粘贴样本数据。

（3）在代码中添加创建数据文件的语句。

首先在代码文件的顶部添加以下语句：

```
#include<fstream>
```

表示因需要对文件流进行操作，而调用文件流资源。

之后是在运行之初（如 int main(){}函数体中的第一条语句），以标准输入流名字 cin 创建一个对应 aaa.txt 的输入文件流：

```
ifstream cin("aaa.txt");
```

例如，第 2.4 节中的 sum3f.cpp 代码文件加上文件操作的内容即可以方便的方式进行调试：

```
//============================
//求和
//============================
#include<fstream>                 //文件资源
#include<iostream>
using namespace std;
//----------------------------
int main(){
  ifstream cin("aaa.txt");        //创建文件流
  for(int n; cin>>n; )
    cout<<n*(n+1)/2<<"\n";
}//===========================
```

（4）理解文件操作。

创建文件流语句的格式与下列语句相似：

```
int a(3);
```

它们都是如下的形式：

```
类型名  变量名(初始值);
```

表示一个名字的定义，即规定一个实体的类型和初值。上例中 ifstream 是输入文件流的类型，该类型在 fstream 资源中说明，因此要包含该头文件；变量名为 cin，它与标准输入流名字相同，因为它是自定义的名字，自定义的名字总是比系统资源中的名字来得“亲近”，所以就覆盖了标准输入流 cin，目的是让后面所有本来对标准输入进行的操作无须做任何改动而全部变成为对文件流的操作。cin 实体（对象）的初值为文件名 aaa.txt，也就是将该文件与 cin 名字对应，使得操作 cin 时实际操作文件是 aaa.txt，因而 cin 所读到的数据就是文件 aaa.txt 中的数据。

（5）文件创建错误及影响。

创建文本文件有时会发现并没有创建你所命名的文件。Windows 的浏览器有许多可选的设置，其中有一个选项是“工具|文件夹选项|查看|隐藏已知文件夹类型的扩展名”。默认状态下，文件扩展名是隐藏的，创建文本文件时，也会在文件名（加上了扩展名）后自动加上.txt，因此，你的文件名可能有两重扩展名，但因为隐藏了一个扩展名而没有注意，也就很可能创建了一个 aaa.txt.txt 文件，等到将选项设置为显示文件扩展名之后，一切便一目了然。

创建一个并不想要的文件名，会导致程序运行结束时输出窗口没有任何结果显示。因为创建已有输入文件的操作失败，导致判断文件流状态的循环条件值为“假”，从而没有进入循环。如果所有的输出都是在循环中进行的话，那么，该程序运行结束时不会有任何输出。

（6）保证文件操作的正确。

如果程序运行中没有任何结果，应该想到非代码因素。依次检查如下内容。

① 文件是否存在。

② 文件是否在 console 项目所在的文件夹。

③ 文件名（包括扩展名）是否正确（可以在浏览器中将选项“工具|文件夹选项|查看|隐藏已知文件类型的扩展名”前的“√”取消）。

④ 文件中是否有数据，数据是否正确。

⑤ 文件数据（特别是在修改了数据之后）是否已经保存。

2 调试手段

（1）代码运行。

将光标定位在 main 函数的最后一行语句，即“}”独占一行的语句，选择 run|run to cursor 命令，弹出结果窗口，因为程序运行尚未结束（停在最后一行），所以结果窗口未被关闭（如果选择 run|run 命令，那么，BCB 在运行结束后，自动关闭运行窗口，程序员则看不到运行结果）。

（2）单步调试。

在查看结果窗口时发现运行结果有错，或代码运行时发生异常中止，这时候需要跟踪运行的一举一动，以查找错误位置和原因。

F8 键的作用是 step over，F7 键的作用是 step into。这两个功能键在调试中经常用到。

当有函数调用时，按 F7 键能够进入调用代码，继续跟踪。按 F8 键时，代码将逐行执行，程序员可以一边运行，一边查看结果窗口。还可以通过鼠标将光标移动到变量位置（这时屏幕便会弹出该变量值），动态地跟踪变量值的变化。

单步调试方法能在较大程度上发现一些简单的逻辑错误，以及找到产生异常中止的语句，从而纠正大部分的运行错误。

（3）断点设置。

运行之前或运行过程中，可以通过设置断点来快速定位发生错误的大概位置，然后以单步调试方式继续搜索准确的错误位置。项目管理窗口与代码编辑窗口之间有一个灰色的隔离带，单击对应某一行的灰色带，便显示一个红点，同时在编辑窗口会有相应的红条，表示产生了一个断点。有断点的程序，在运行到断点时会停下来，等待查看相关信息后继续往下运行。

（4）查看变量。

选择 View|Debug Windows|Watches 命令，弹出 Watches 窗口，右击其中的蓝条，便能创建需要动态查看的变量。

调试方法是高度实践性的技能，需要在实验中不断积累其经验。

❑ 代码提交

将调试好的代码（.cpp 文件）保存在硬盘上。

如果调试过程中使用数据文件，则应将文件创建语句注释掉，即：

```
//ifstream cin("aaa.txt");
```

紧接着，便是在线提示判题操作。附录 C 给出了 OPS 系统的操作说明。

❑ 测试数据

测试数据决定题目的难易程度。而数据的选取越具有代表性，就越能说明其正确的程度。

第一部分的实验以操作实践为基础，目的在于掌握编程的基本方法，以便进一步展开以性能为目标且利用编程语句特性的算法设计。因此，对本部分实验进行系统测试的数据不会很复杂。只要基本的控制结构正确，即使采用“暴力”方式（根本不顾及性能）解题也是可以通过的。

第2章 样板实验

2.1 实验内容

❑ 基本描述

本实验是求自然数列之和。从标准输入中读入正整数 n，求 1~n 的自然数列之和。

❑ 输入描述

标准输入设备中，有若干正整数，每个正整数 n（n≤10000）以空格隔开，若读不到数据，则输入结束。

❑ 输出描述

每次读入数据 n，求 1~n 的自然数列之和并输出结果，每个结果之间以回车符隔开。

❑ 样本输入

```
3  10  100  1000
```

❑ 样本输出

```
6
55
5050
500500
```

2.2 分析题意

本次实验是将入门编程这一部分所有不同类型的实验，就整个做题过程完整地经历一遍。正像其他题目一样，该题目描述是简单的，很容易看懂。但是因为程序编码与解数学题存在差距，在开始学习编程时，这个差距甚至还很大。所以先要学习如何将数学推理和方法应用到编程中，如何分析题目中没有严格意义上的描述的潜在语义，为最终描述成程序设计语言创造条件。

❑ 样本输入与输出的对应

样本数据中有 4 个数（3、10、100、1000），它们对应 4 个计算，即：

1+2+3
1+2+3+…+10
1+2+3+…+100
1+2+3+…+1000

根据自然数列求和公式，它们的计算可以表示为：

3(1+3)/2
10(1+10)/2
100(1+100)/2
1000(1+1000)/2

这是简单的自然数列求和式。

❑ 数学描述与代码编写的统一

编程不能根据样本数据的多少来控制程序的走向，而应该根据输入描述。如果直接将该四个表达式依序写在程序代码中，那就错了，因为它虽然能够使样本数据的运行结果正确，但是代码提交之后，裁决程序正确与否用的是与该题样本数据完全不同且数据规模较大的测试数据，于是就会产生提交判题过程中的错误，这就意味着程序代码不正确，系统回馈可能是各种各样的错误。

从该实验题目的基本描述中，可以了解到所要解决的问题涉及下列数学公式：

$$\sum_{i=1}^{n} i = \frac{n(n+1)}{2}$$

因此，我们需要知道对于一个已知的整数 n，求和数学公式在编程中是如何描述的。在 C++语言描述中，它其实就是一个表达式：

n*(n+1)/2

注意，在 n 之后有一个运算符（操作符）*，表示两者之间做乘法操作，这是它与数学表达式的不同之处。此外，“/” 表示两者之间做整除操作（例如，5/2 的结果为 2），之所以可以用整除来表示，是因为其前提 n(n+1) 一定为偶数，能被 2 除尽，因而 “/2” 操作后于*操作。C++规定，“*” 与 “/” 这两个运算符优先级相同，如果同时出现，则按从左到右的顺序进行运算。所以下列两者是等价的：

(n*(n+1))/2　　与　　n*(n+1)/2

显然，上面两者与下列两者是不等价的：

n*((n+1)/2)　　与　　(n+1)*(n/2)

因为它们不能保证一定被整除，可能会带来精度丢失。当“/2” 操作的主体 n 或 n+1 为奇数时，整除操作会抹掉非 0 的小数部分。

当然，下列两者也是不等价的：

x+y/2　与　(x+y)/2

因为“+”与“/”的计算优先级不同。这只是简单的四则运算规则，可以参见主教材，以进一步了解操作符优先级以及结合性规则（☞主教材第4.1节）。

❑ 确定数据存储的方案

根据题意，每个正整数n都对应一个独立的输出结果，这就提供给我们一种数据处理的方法：可以读入一个整数，马上就计算并输出。下一个数据的读入处理与刚处理完的数据无关，因此上一次读入的数据可以被下一次读入的数据覆盖。所以只需一个整数变量就可以完成保存数据输入的工作。但前提是采取边输入边处理的策略，不能采取积聚所有的输入数据，再一个个处理的方式，因为这种方式需要一个数据容器（数组或向量）来存放输入的数据。由于边输入、边计算、边输出，所以输出结果也无须临时保存，可直接计算、直接输出。

❑ 落实判断与控制技术

题目中对处理的控制是：一旦读不到数据的时候，运行即可终止。于是，程序中必然要面对如何判断输入的成功与失败的状态，并因此决定程序运行是否终止。

由于每个输入数据的处理都彼此独立，所以可以将输入、计算和输出看作一个循环过程。在输入完成后，必须检查输入是否结束，以决定循环是否终止。其表达式：

```
cin.good()
```

返回一个流设备是否完好的状态。当输入不成功（读不到数据，或遇到设备硬件故障）时，流设备会设置一个错误状态，以便为以后的状态判断提供支持。这便是循环控制中需要利用的条件判断。除此之外，还可以利用流输入表达式：

```
cin>>n
```

同步进行状态检测。因为当输入成功时，该表达式正常返回一个流设备，以做好下次输入的准备；而当输入失败时，该表达式会返回false，从而支持状态判断。

❑ 确定边界数据

除此之外，也要意识到，该问题中出现的最大和最小的输入数据是什么。题目已经告知输入数据不会超过10 000，这实际上是告诉我们输出的值不会超过50 005 000。那么最小输入数值是什么呢？从数学角度上说，最小正整数应该是0，但是题意表明，是求1～n的数列和，所以n至少应为1，它也决定了输出数值最小为1，这是题目没有明确描述的言下之意。

所以，当程序能够在样本数据上运行并得到正确结果后，为了确保在系统的测试数据上运行正确，可以试着在调试运行中加入最大值10 000和最小值1这两个边界数据来测试程序。

❑ 解读输出格式

根据题意，每个结果之间以回车符隔开。那就是说，每输出一个求和结果，就应换行，但最开始在还没有输出的时候，却并不需要回车。本题的输出格式是最简单的。

2.3 算法描述

算法以一定的方式描述一个动作序列，用以实现程序员的意图。

为了实现题目中的处理目的，算法描述中一定要有打开输入设备的操作（如果是标准输入设备则可免去打开操作）和读入数据的动作，随后便是求和动作和输出计算结果的动作；接着，读入下一个数据，进行下一个计算，直至所有数据都得到计算和输出。动作序列应该准确，不能模棱两可，需要严格保持一定的先后顺序，且看下面的一个描述。

❑ 求和算法一

第一步：创建输入设备（如果是标准输入设备，则免去创建操作）。

第二步：准备两个整型变量，分别取名为 n、sum，用于存放输入和结果数据。

第三步：读入一个正整数到 n。

第四步：判断是否读到数据（决定计算处理工作是否结束）。

第五步：若读不到数据，则转到第九步（退出循环）。

第六步：求和。

第七步：输出结果。

第八步：转到第三步。

第九步：结束。

C++的循环控制语句 for 和 while 都是在进入循环之前有一个条件判断，以决定是否要进入循环体。因此，根据语言的特性，可以实现为另一种控制结构，即将判断放在循环的开始处，每次处理完一个数据之后，再进行下一个数据输入，返回到循环控制的入口进行下一轮循环判断。

❑ 求和算法二

第一步：创建输入设备（如果是标准输入设备，则免去创建操作）。

第二步：准备两个整数变量，分别取名为 n、sum，用于存放输入和结果数据。

第三步：读入一个正整数到 n。

第四步：判断是否读到数据（决定计算处理工作是否结束）。

第五步：若读不到数据，则转到第十步。

第六步：求和。

第七步：将结果输出。

第八步：读入下一个数据到 n。

第九步：转到第四步。

第十步：结束。

C++语言的输入语句具有返回状态的功能特点（☞第 2.2 节“分析题意”），利用该特点就可以将输入操作与判断是否读到数据的动作合并，以此优化编程序列。

❑ 求和算法三

第一步：创建输入设备（如果是标准输入设备，则免去创建操作）。

第二步：准备两个整数变量，分别取名为 n、sum，用于存放输入和结果数据。

第三步：读入一个正整数到 n 并判断是否读到数据（决定计算处理工作是否结束）。

第四步：若读不到数据，则转到第七步。

第五步：求和。

第六步：输出结果。

第七步：转到第三步。

第八步：结束。

❑ 求和算法流程图

由于 C++语言的过程控制语句的功能和流操作的特点提供了编程的多种选择，根据上面的算法描述，可以分别得到用流程图表示的三种循环控制方法，如图 2-1 所示。

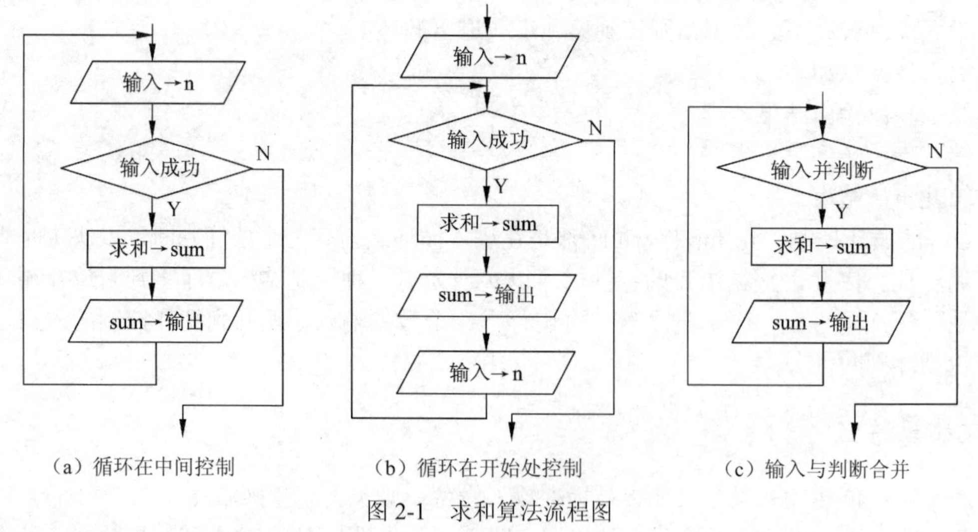

图 2-1　求和算法流程图

2.4　代码编写

因为要使用输入输出流设备，所以在最前面要声明使用什么资源，即包含 iostream 语句。至于所使用的资源哪个在前哪个在后，并没有专门的规定（除非大规模编程才有讲究）。所有声明资源的描述都必须在程序开始运行之前交代清楚，这就是为什么第 1 条执行语句的入口 int main()不在代码开始第 1 行的原因。

代码编写要顾及 C++的语法。编写完代码后，要由编译器来检查其语法错误。代码编写还涉及代码书写的风格。不同的人有不同的个性，也决定了其代码编写风格的不同。最初学习编程，应遵循代码书写的基本规则，并且应先尽量模仿某个成熟样板的风格。

根据“求和算法一”可以得到下列程序代码 sum1.cpp：

```
#include<iostream>
using namespace std;
int main()
{
  int n,sum;
  while(1)          //数字1表示永“真”，一个“死”循环的开始
  {
    cin>>n;
    if(!cin)        //用!cin判断“流设备不正常吗？”
      break;
    sum = n*(n+1)/2;
    cout<<sum<<"\n";
  }
}
```

根据作者的风格，同样的程序可以写成下列代码 sum1f.cpp：

```
//==============================
//求和
//sum1f.cpp
//==============================
#include<iostream>
using namespace std;
//------------------------------
int main(){
  int n,sum;
  while(1){
    cin>>n;
    if(!cin)
      break;
    sum = n*(n+1)/2;
    cout<<sum<<"\n";
  }
}//============================
```

根据“求和算法二”可以得到下列程序代码 sum2.cpp：

```
//==============================
//求和
//sum2.cpp
//==============================
#include<iostream>
using namespace std;
//------------------------------
```

```
int main(){
  int n, sum;
  cin>>n;
  while(cin){     //作为条件判断，cin等价于cin.good()
    int sum = n*(n+1)/2;
    cout<<sum<<"\n";
    cin>>n;
  }
}//============================
```

根据“求和算法三”可以得到下列程序代码 sum3.cpp：

```
//============================
//求和
//sum3.cpp
//============================
#include<iostream>
using namespace std;
//----------------------------
int main(){
  int n, sum;
  while(cin>>n){
    sum = n*(n+1)/2;
    cout<<sum<<"\n";
  }
}//============================
```

上述代码都是用 while 描述循环控制结构。

除此之外，由于 for 语句在描述循环的时候，可将外部用不到的循环变量封闭在循环头部的描述中。利用这一特性，由 n 和 sum 的同样性质，可以将其作为循环变量来描述：

```
for(int n, sum; cin>>n; ){…}
```

由于流设备中可以针对表达式进行输出，所以求和计算与输出在并不复杂的前提下可以合并处理，合并之后也不需要结构变量 sum。而且由于代码风格在结构上的支持，在循环体中只有一条循环语句的前提下可以省略包裹循环的花括号。这样一来，在“求和算法三”的基础上得到了一个比当初设计时更为简单和优化的程序代码 sum3f.cpp。

```
//============================
//求和
//sum3f.cpp
//============================
#include<iostream>
using namespace std;
//----------------------------
int main(){
  for(int n; cin>>n; )
    cout<<n*(n+1)/2<<"\n";
}//============================
```

该代码从性能上来说并没有丝毫的降低，但在强有力的结构语句描述下，显得更为简洁、直观。

代码的简化有时候可能是不必要的，一般不主张并不能改善代码可读性的过分优化，除非该循环足够简单。例如，若想玩转 C++语言特性，还可以将上述代码中的循环写成下列两种等价的形式：

```
for(int n; cin>>n && cout<<n*(n+1)/2<<"\n";);
```

或

```
for(int n; cin>>n; cout<<n*(n+1)/2<<"\n");
```

2.5 编译调试

遵循实验过程的一般方法，先在“我的编程学习”文件夹 F:\programming 下创建一个数据文件 aaa.txt，在里面粘贴来自样本输入的数据。

将前面编写好的 sum3.cpp 代码输入编辑窗口。将程序文件命名为 sum3.cpp，并在代码中适当的地方增加两条关于文件的语句，如下所示：

```
//=============================
//求和
//sum3.cpp
//=============================
#include<iostream>
#include<fstream>
using namespace std;
//-----------------------------
int main(){
  ifstream cin("aaa.txt");
  int n, sum;
  while(cin>>n)    //故意漏掉一个左花括号
    sum = n*(n+1)/2;
    cout<<sum<<"\n";
  }
}//=============================
```

单击“编译”按钮，结果显示“E2190 Unexpected }”这一个错误。假定认识这串英文字符（理解为“多余的右花括号}”），一开始也很难知道程序中出了什么错。明明是 while 循环体块少了左花括号，怎么却变成了多余的右花括号错了呢？而且位置是在最后一行上。更有甚者，如果真的删除最后的花括号，程序能通过编译，而且可以运行。只不过，运行结果是错误的。

程序员需要了解编译器的编译原理。它总是根据语法的规定来查找所有不符合语法的错误。在 while(cin>>n)这一行上，由于循环体在只有一条语句的情况下可以没有花括号（这种结构虽然于代码的结构性带来不利，但它兼容 C 语言，兼容这种为快捷编码而留下的轻灵特征），所以从语法角度上讲，没有错误。

C++ 编译器继续编译，发现一个右花括号，于是很自然地为 main 函数的定义体封顶。但随后又发现了一个花括号，就是最后一行的花括号带来了编译器报的 E2190 错误。

然而，这个错误并不是由多出的最后一行花括号引起的，有经验的程序员立刻就会想到是因为花括号没有正确配对而引起的，因此，必然会去寻找那个漏掉的左花括号而不是删除一个多余的右花括号。

如果编写的是能够体现程序结构的锯齿形代码，那么就能很快找到类似这样的错误！

程序代码全部编译正确以后，接下来就要调试了。可是发现运行结果中却没有数据，这是怎么一回事啊？程序中有输出语句啊，难道它们都没有被执行吗？按 F8 键逐条语句执行调试，当执行到 while 循环的时候，根本没有进入循环里面，而是直接转到了程序的最后。这说明了什么？

说明 while 循环的条件在代码运行到那里时为“假”，也就是说，从文件读入数据失败。然后，打开刚刚加了数据的 aaa.txt 文件，数据好好地在里面！因为 Windows 打开文件时，都在内存中建有缓冲区，这是为了避免每个微小的操作都进行硬件的读写。刚刚写入的数据虽然都在文件中，但都在内存的缓冲区中并没有写入硬盘中，以致 C++ Builder 调试器打开的文件（从硬盘中打开）中没有这些数据。只要存一下盘，再运行就好了。

提交时，千万要将“ifstream cin("aaa.txt");”这条语句注释掉。

2.6 算法任意性

由于这是简单编程学习，因此对于算法复杂性没有要求，只要求正确。所以，各种编程表达都在情理之中，只要能够考虑到边界数据即可。可以试着编写一些并不顾及性能的程序。

该问题可以用数列逐项求和的方法来解，其相应的算法流程图如图 2-2 所示。

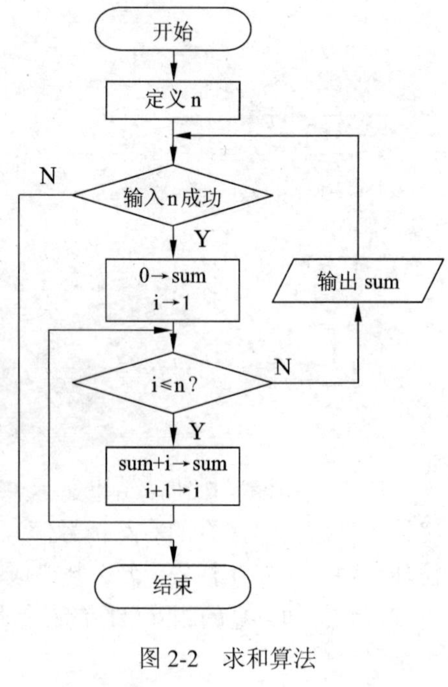

图 2-2　求和算法

其相应的代码 sum4.cpp 如下：

```
//============================
//求和
//sum4.cpp
//============================
#include<iostream>
using namespace std;
//----------------------------
int main(){
  for(int n; cin>>n; ){
    int sum = 0;
    for(int i=1; i<=n; ++i)
      sum += i;
    cout<<sum<<"\n";
  }
}//============================
```

值得注意的是，该代码也许用 while 循环结构才会与流程图一一对应，但用 for 结构更能看出其简洁性。与前面的按公式求和的算法相比，方法变了，使开始定义存放输出数据的 sum 变量的位置也变了。不能在定义 n 的位置同时定义 sum 变量，因为对每个独立的 n 值，其 sum 值有必要从头开始，必须在每次开始独立计算 n 之前将 sum 值清 0。甚至还可以用递归方法来编写代码。递归方法一般要设计一个独立的递归函数，以让主执行函数来调用。其相应的算法描述如下。

（1）“求和算法”描述。

第一步：创建输入设备（如果是标准输入设备，则免去创建操作）。

第二步：准备一个整数变量 n，用于存放输入数据。

第三步：读入一个正整数到 n 并判断是否读数成功（决定计算处理工作是否结束）。

第四步：若读不到数据，则转到第七步。

第五步：输出“对 n 递归求和”的值。

第六步：转到第三步。

第七步：结束。

（2）“对 n 递归求和”算法描述。

第一步：判断 n 是否等于 1。

第二步：若等于 1，则返回 1。

第三步：返回“对 n–1 递归求和”+n 的值。

第四步：结束。

其对应的代码 sum5.cpp 如下：

```
//============================
//求和
//sum5.cpp
//============================
#include<iostream>
using namespace std;
//----------------------------
int xigma(int n){
  if(n==1) return 1;
  return xigma(n-1)+n;
}//---------------------------
int main(){
  for(int n; cin>>n; )
    cout<<xigma(n)<<"\n";
}//===========================
```

本阶段的实验中，递归函数是尚未学过的内容（☞主教材第 5.6 节“递归函数”）。

2.7 测试数据

测试数据与样本数据的差别还是比较大的，它不但将数据的边界考虑在内，而且数据量也比样本数据大许多，目的是测试程序的运行性能。然而第一部分实验强调的是正确性，对性能没有要求，即使上述代码的性能较差，但因为数据规模并不是很大，数据表示范围也不大，所以也能“高效”运行，该问题的测试数据如下：

```
3 10 100 1000 1 10000
4550 4605 8987 1945 8713 3284 8557 735 5287 862
6762 4045 1801 4133 3844 7580 814 9599 1707 1346
462 7992 7593 9238 6744 5513 1529 6360 6160 8526
193 3982 3022 4968 2218 648 3845 8211 8420 9
346 3908 1990 2676
```

应给出的答案如下：

```
6
55
5050
500500
1
50005000
10353525
10605315
40387578
1892485
37962541
5393970
36615403
270480
13978828
371953
22865703
8183035
1622701
8542911
7390090
28731990
331705
46075200
1457778
906531
106953
31940028
28830621
42674941
22744140
15199341
1169685
20227980
18975880
36350601
```

```
18721
7930153
4567753
12342996
2460871
210276
7393935
33714366
35452410
45
60031
7638186
1981045
3581826
```

第3章　实验内容

3.1　第一套实验

3.1.1　OPS 欢迎您

❑ 基本描述

编写简单程序，输出指定的字符串。

❑ 输入描述

本题不涉及输入数据，也许是唯一不涉及输入数据的题。因此，无须与标准输入设备打交道。

❑ 输出描述

程序应输出字符串“Welcome to the OPS.”，并以回车符结束。也可以试试，如果不输出回车符，其代码能否通过测试。

❑ 样本输出

```
Welcome to the OPS.
```

3.1.2　一个@字符矩形

❑ 基本描述

根据读入的 n 值，输出以@为填充字符、宽为 20、高为 n 的字符矩形。

❑ 输入描述

输入数据只有一个正整数 n（1≤n≤50）。

❑ 输出描述

输出以@为填充字符、宽为 20、高为 n 的字符矩形。为了结束每行字符，在输出 20

个@字符后，应输出一个回车符，最后一行也必须与前面一样输出回车符，否则提交系统不会予以认可。

❑ 样本输入

```
5
```

❑ 样本输出

```
@@@@@@@@@@@@@@@@@@@@@
@@@@@@@@@@@@@@@@@@@@@
@@@@@@@@@@@@@@@@@@@@@
@@@@@@@@@@@@@@@@@@@@@
@@@@@@@@@@@@@@@@@@@@@
```

3.1.3 一个#字符正方形

❑ 基本描述

根据读入的n值，输出以#为填充字符、边长为n的字符正方形。

❑ 输入描述

输入数据只有一个正整数n（1≤n≤50）。

❑ 输出描述

输出以#为填充字符、边长为n的字符正方形。为了结束每行字符，在行末应输出回车符，最后一行也必须与前面一样输出回车符，否则提交系统不会予以认可。

❑ 样本输入

```
5
```

❑ 样本输出

```
#####
#####
#####
#####
#####
```

3.1.4 一个字符三角形

❑ 基本描述

根据读入的字符值，输出以该字符为填充字符的定长等腰三角形。

□ **输入描述**

输入数据只有一个字符值 c（'A'≤c≤'Z'）。

□ **输出描述**

输出以 c 为填充字符、高为 7、底边长为 13 的等腰三角形。每行结束时应输出回车符。

□ **样本输入**

```
A
```

□ **样本输出**

```
      A
     AAA
    AAAAA
   AAAAAAA
  AAAAAAAAA
 AAAAAAAAAAA
AAAAAAAAAAAAA
```

3.1.5　正方形面积

□ **基本描述**

根据读入的正整数值，输出其正方形的面积数。

□ **输入描述**

输入数据含有不超过 50 个的正整数 n（1≤n≤10 000），每个正整数之间以空格隔开。

□ **输出描述**

每次读入一个正整数，便输出其正方形的面积数，在输出每个面积数时应输出回车符。

□ **样本输入**

```
1 3 5 7
```

□ **样本输出**

```
1
9
25
49
```

3.1.6 A – B

❑ 基本描述

计算两个整数之差。

❑ 输入描述

输入数据含有不超过 50 个的整数对，每个整数以及每对整数的运算结果都不会超过 $\pm 2^{31}$。

❑ 输出描述

对于每次读入的一对整数，输出前者减去后者的差。每个结果应以回车符结束。

❑ 样本输入

```
1 3 5 7
```

❑ 样本输出

```
-2
-2
```

3.2 第二套实验

3.2.1 字符三角形

❑ 基本描述

根据读入的字符值以及三角形的高，输出以该字符为填充字符的等腰三角形。

❑ 输入描述

输入数据含有不超过 50 组的数据，每组数据包括一个可见字符 c（33≤c≤126）和一个整数 n（1≤n≤30）。

❑ 输出描述

输出以 c 为填充字符、高为 n 的等腰三角形，勾画每个三角形时都应另起一行。

❑ 样本输入

```
A 5 B 3
```

❑ 样本输出

```
    A
   AAA
  AAAAA
 AAAAAAA
AAAAAAAAA
  B
 BBB
BBBBB
```

3.2.2　字符菱形

❑ 基本描述

根据读入的字符和边长，勾画字符菱形。

❑ 输入描述

输入数据含有不超过50组的数据，每组数据包括一个可见字符c和一个整数n（1≤n≤30）。

❑ 输出描述

输出以c为填充字符、边长为n的菱形，勾画每个菱形时都应另起一行。

❑ 样本输入

```
A 5 B 3
```

❑ 样本输出

```
    A
   AAA
  AAAAA
 AAAAAAA
AAAAAAAAA
 AAAAAAA
  AAAAA
   AAA
    A
  B
 BBB
BBBBB
 BBB
  B
```

3.2.3 背靠背字符三角形

❑ 基本描述

根据读入的字符和高，勾画背靠背字符三角形。

❑ 输入描述

输入数据含有不超过 50 组的数据，每组数据包括一个可见字符 c 和一个整数 n（1≤n≤30）。

❑ 输出描述

输出以 c 为填充字符、高为 n 的背靠背字符三角形，勾画每个三角形时都应另起一行。

❑ 样本输入

```
W 5 B 3
```

❑ 样本输出

```
    W W
   WW WW
  WWW WWW
 WWWW WWWW
WWWWW WWWWW
  B B
 BB BB
BBB BBB
```

3.2.4 交替字符倒三角形

❑ 基本描述

根据读入的高，勾画 ST 字符交替的倒三角形。

❑ 输入描述

输入数据含有不超过 50 个的正整数 n（1≤n≤30）。

❑ 输出描述

输出以 n 为高的 ST 字符交替的倒三角形，勾画每个三角形时都应另起一行。

❑ 样本输入

```
3 10
```

❑ 样本输出

```
STSTS
 STS
  S
STSTSTSTSTSTSTSTSTSTS
 STSTSTSTSTSTSTSTS
  STSTSTSTSTSTSTS
   STSTSTSTSTSTS
    STSTSTSTSTS
     STSTSTSTS
      STSTSTS
       STSTS
        STS
         S
```

3.2.5　格式阵列一

❑ 基本描述

根据读入的阶，按样例打印格式阵列。

❑ 输入描述

输入数据含有不超过 50 个的正整数 n（1≤n≤25）。

❑ 输出描述

输出以 n 为阶的格式阵列。

每行开始先打印行号，行号为 2 个字符宽度，右对齐，行号与元素之间空 2 格。

每个元素占 3 个字符宽度。右对齐，元素值起始位置为 0，以后每向右前进 1 个，元素值便取前元素加 1 除 n 的余数，每进到下一行，起始的元素值为前元素加 1 除 n 的余数，以此类推。

每个格式阵列之间应有一空行，最前与最后不应有空行。

在样本输出中，□表示空格。

❑ 样本输入

```
6 3
```

❑ 样本输出

```
□1□□□□0□□1□□2□□3□□4□□5
□2□□□□1□□2□□3□□4□□5□□0
```

```
□3□□□□2□□3□□4□□5□□0□□1
□4□□□□3□□4□□5□□0□□1□□2
□5□□□□4□□5□□0□□1□□2□□3
□6□□□□5□□0□□1□□2□□3□□4

□1□□□□0□□1□□2
□2□□□□1□□2□□0
□3□□□□2□□0□□1
```

3.2.6 格式阵列二

❑ 基本描述

根据读入的阶，按样例打印格式阵列。

❑ 输入描述

输入数据含有不超过 50 个的正整数 n（1≤n≤9）。

❑ 输出描述

输出以 n 为阶的格式阵列。

每个元素由一对括号和括号中的整数对组成，元素前应空一格。每个元素的整数对正是该元素的行号与列号。

每个格式阵列之间应有一空行，最前与最后不应有空行。

在样本输出中，□表示空格。

❑ 样本输入

```
6 3
```

❑ 样本输出

```
□(1,1)□(1,2)□(1,3)□(1,4)□(1,5)□(1,6)
□(2,1)□(2,2)□(2,3)□(2,4)□(2,5)□(2,6)
□(3,1)□(3,2)□(3,3)□(3,4)□(3,5)□(3,6)
□(4,1)□(4,2)□(4,3)□(4,4)□(4,5)□(4,6)
□(5,1)□(5,2)□(5,3)□(5,4)□(5,5)□(5,6)
□(6,1)□(6,2)□(6,3)□(6,4)□(6,5)□(6,6)

□(1,1)□(1,2)□(1,3)
□(2,1)□(2,2)□(2,3)
□(3,1)□(3,2)□(3,3)
```

3.3 第三套实验

3.3.1 1!到 n!的求和

❑ 基本描述

求 1!+2!+3!+4!+…+n!的值。

❑ 输入描述

输入数据含有不多于 50 个的正整数 n（1≤n≤12）。

❑ 输出描述

对于每个 n，输出计算结果。每个计算结果应占单独一行。

❑ 样本输入

```
3 6
```

❑ 样本输出

```
9
873
```

3.3.2 等比数列

❑ 基本描述

已知 q 与 n，求等比数列之和 $1+q+q^2+q^3+q^4+\cdots+q^n$。

❑ 输入描述

输入数据含有不多于 50 对的数据，每对数据含有一个整数 n（1≤n≤20）和一个小数 q（0<q<2）。

❑ 输出描述

对于每组数据 n 和 q，计算其等比数列的和，精确到小数点后 3 位，每个计算结果应占单独一行。

❑ 样本输入

```
6 0.3 5 1.3
```

❑ 样本输出

```
1.428
12.756
```

3.3.3 斐波那契数

❑ 基本描述

斐波那契（Fibonacci）数（简称斐氏数）定义为：

$$\begin{cases} f(0) = 0 \\ f(1) = 1 \\ f(n) = f(n-1) + f(n-2), \text{ n>1，整数} \end{cases}$$

如果写出斐氏数，则应该是：

0 1 1 2 3 5 8 13 21 34 …

如果求其第 6 项，则应为 8。

求第 n 项斐氏数。

❑ 输入描述

输入数据含有不多于 50 个的正整数 n（$0 \leqslant n \leqslant 46$）。

❑ 输出描述

对于每个 n，计算其第 n 项斐氏数，每个结果应占单独一行。

❑ 样本输入

```
6 10
```

❑ 样本输出

```
8
55
```

3.3.4 最大公约数

❑ 基本描述

求两个正整数的最大公约数。

❑ 输入描述

输入数据含有不多于 50 对的数据，每对数据由两个正整数（$0<n1$，$n2<2^{32}$）组成。

❑ 输出描述

对于每组数据 n1 和 n2，计算最大公约数，每个计算结果应占单独一行。

❑ 样本输入

```
6 5 18 12
```

❑ 样本输出

```
1
6
```

3.3.5 最小公倍数

❑ 基本描述

求两个正整数的最小公倍数。

❑ 输入描述

输入数据含有不多于 50 对的数据，每对数据由两个正整数（0<n1，n2<10000）组成。

❑ 输出描述

对于每组数据 n1 和 n2，计算最小公倍数，每个计算结果应占单独一行。

❑ 样本输入

```
6 5 18 12
```

❑ 样本输出

```
30
36
```

3.3.6 平均数

❑ 基本描述

求若干整数的平均数。

❑ 输入描述

输入数据含有不多于 5 组的数据，每组数据由一个整数 n（n≤50）开头，表示后面跟着 n 个整数。

❑ 输出描述

对于每组数据，输出其平均数，精确到小数点后 3 位，每个平均数应占单独一行。

❑ 样本输入

```
3 6 5 18
4 1 2 3 4
```

❑ 样本输出

```
9.667
2.500
```

3.4 第四套实验

3.4.1 级数求和

❑ 基本描述

求下列级数的和：

$$1+x-\frac{x^2}{2!}+\frac{x^3}{3!}-\cdots+(-1)^{n+1}\frac{x^n}{n!}$$

❑ 输入描述

输入数据含有不多于 50 个的浮点数 x（0.0≤x≤40.0）。

❑ 输出描述

对于每个 x，输出其级数和，精确到小数点后 6 位，每个 x 的计算结果应占单独一行。其格式见样本输出。

❑ 样本输入

```
2.1 3.2
```

❑ 样本输出

```
x=2.100000, sum=1.877544
x=3.200000, sum=1.959238
```

3.4.2 对称三位数素数

❑ 基本描述

判断一个数是否为对称三位数素数。

所谓“对称”是指一个数，倒过来还是该数。例如，101 是对称数；而 375 不是对称数，因为倒过来变成了 573。

- □ **输入描述**

输入数据含有不多于 50 个的正整数 n（$0<n<2^{32}$）。

- □ **输出描述**

对于每个 n，如果该数是对称三位数素数，则输出 Yes，否则输出 No。每个判断结果单独列一行。

- □ **样本输入**

```
11 101 272
```

- □ **样本输出**

```
No
Yes
No
```

3.4.3 母牛问题

- □ **基本描述**

假设单性繁殖成立，若一头母牛从出生起第 4 个年头开始，每年生一头母牛，而生出的小母牛在之后的第 4 年也将具有生殖能力。按此规律，第 n 年时有多少头母牛？

- □ **输入描述**

输入数据中含有不多于 50 个的整数 n（1≤n≤40）。

- □ **输出描述**

对于每个 n，输出其第 n 年的母牛数，每个结果对应一行输出。

- □ **样本输入**

```
5 6 7 8 9
```

- □ **样本输出**

```
3
4
6
9
13
```

3.4.4　整数内码

❑ 基本描述

将十进制整数的内部 32 位二进制码输出。

❑ 输入描述

输入数据中含有不多于 50 个的整数 n（$-2^{31}<n<2^{31}$）。

❑ 输出描述

对于每个 n，输出其对应的 32 位二进制码与原整数，中间空 2 格。每个结果对应一行输出。

❑ 样本输入

```
5 12 -12
```

❑ 样本输出

```
00000000000000000000000000000101  5
00000000000000000000000000001100  12
11111111111111111111111111110100  -12
```

3.4.5　整除 3、5、7

❑ 基本描述

判断每个整数是否能整除 3、5、7。

❑ 输入描述

输入数据中含有不多于 50 个的正整数 n（$0\leqslant n\leqslant 2^{31}$）。

❑ 输出描述

对于每个 n，输出其整除的状态：
只能整除 3，不能整除 5、7，则输出 3。
只能整除 5，不能整除 3、7，则输出 5。
只能整除 7，不能整除 3、5，则输出 7。
只能整除 3、5，不能整除 7，则输出 3,5。
只能整除 3、7，不能整除 5，则输出 3,7。
只能整除 5、7，不能整除 3，则输出 5,7。
能整除 3、5、7，则输出 3,5,7。

不能整除 3、5、7，则输出 None。

每个结果对应一行输出，输出格式见样本输出。

□ 样本输入

```
5 6 7 8 15
```

□ 样本输出

```
5-->5
6-->3
7-->7
8-->None
15-->3,5
```

3.5 第五套实验

3.5.1 十进制数和二进制数的转换

□ 基本描述

将十进制整数转换成二进制数。

□ 输入描述

输入数据中含有不多于 50 个的整数 n（$-2^{31}<n<2^{31}$）。

□ 输出描述

对于每个 n，以 11 位的宽度右对齐输出 n 值，然后输出“-->”，最后输出二进制数。每个整数 n 的输出单独占一行。

□ 样本输入

```
2
0
-12
1
```

□ 样本输出

```
  2 -->10
  0 -->0
-12 -->-1100
  1 -->1
```

3.5.2 均方差

❑ 基本描述

求均方差。均方差的公式如下（输入描述中 x_i 为第 i 个元素）：

$$s=\sqrt{\frac{1}{n}\sum_{i=1}^{n}(x_i-\overline{x})^2}$$

❑ 输入描述

输入中第 1 个整数 n 占一行，表示后面将有 n 组数据。

每组数据的第 1 个整数 m（$1\leqslant m\leqslant 50$）表示本组数据将有 m 个整数，紧接着后面有 m 个整数 x_i（$0\leqslant x_i\leqslant 1000$）。之后，又是另一组数据。

❑ 输出描述

对于每组数据，以精确到小数点后 5 位的精度输出其均方差，每个均方差应单独占一行。

❑ 样本输入

```
2
4 6 7 8 9
10 6 3 7 1 4 8 2 9 11 5
```

❑ 样本输出

```
1.11803
3.03974
```

3.5.3 五位数以内的对称素数

❑ 基本描述

判断一个数是否为对称且不大于五位数的素数。

❑ 输入描述

输入数据含有不多于 50 个的正整数 n（$0<n<2^{32}$）。

❑ 输出描述

对于每个正整数 n，如果该数是不大于五位数的对称素数，则输出 Yes，否则输出 No。每个判断结果单独占一行。

❑ 样本输入

```
11 101 272
```

❑ 样本输出

```
Yes
Yes
No
```

3.5.4 统计天数

❑ 基本描述

根据日期以及日期上所做的标记，按条件统计其天数。

❑ 输入描述

输入数据含有不多于 50 个的具有格式 Mon. DD YYYY 的日期，有些日期后面可能标有*，每个日期单独占一行。

❑ 输出描述

统计任何月份中凡是 25 号的日期数，如果 25 号这一天的年份后面标有*，则该天应加倍计算。

❑ 样本输入

```
Oct. 25 2003
Oct. 26 2003
Sep. 12 2003*
Jun. 25 2002*
```

❑ 样本输出

```
3
```

3.5.5 杨辉三角形

❑ 基本描述

打印杨辉三角形。

❑ 输入描述

输入数据含有不多于 50 个的正整数 n（n≤10）。

❑ 输出描述

三角形的每项占 3 个字符宽。每个三角形之间空一行，最后的三角形之后没有空行，见样本输出。

注意：样本输出所添加的表格线用来帮助看清数字对齐后的间隔空格数。

❑ 样本输入

```
10 3
```

❑ 样本输出

									1									
								1		1								
							1		2		1							
						1		3		3		1						
					1		4		6		4		1					
				1		5		10		10		5		1				
			1		6		15		20		15		6		1			
		1		7		21		35		35		21		7		1		
	1		8		28		56		70		56		28		8		1	
1		9		36		84		126		126		84		36		9		1
		1																
	1		1															
1		2		1														

3.6 阶段测验

参考测验时间：180 分钟。

3.6.1 逆反 01 串

❑ 基本描述

贝贝是个程序设计迷。有时候，她表现出很强烈的逆反心理，你让她往东，她偏往西；你让她往南，她偏往北。这一次，不知道又是谁惹着她了，好端端的一个个 01 串，到了她的手里，都变成 10 串了。她究竟在做什么呢？编写程序来模仿她的行为。

01 串和 10 串都是由 0 和 1 构成的任意字串，只是 0 和 1 彼此被代替。

❑ 输入描述

输入数据含有不多于 50 个的 01 字串，每个字串的长度不大于 200。

❑ 输出描述

按输入的 01 串输出对应的 10 串，每个字串单独占一行。

❑ 样本输入

```
0110100100100
1000000010000000000
```

❑ 样本输出

```
1001011011011
0111111101111111111
```

3.6.2 倒杨辉三角形

❑ 基本描述

贝贝的妹妹叫妞妞，妞妞喜欢图形，而且总是喜欢把图形倒过来欣赏。有一次，她看见杨辉三角形，觉得很新鲜，于是就把它们大大小小地摆列，好不得意。妞妞是个小孩，图形的摆列都是手工完成的，编写程序，相信比她摆得更快、更好。

❑ 输入描述

输入数据中包含不多于 50 个的整数 n（1≤n≤10）。

❑ 输出描述

以 n 为行数，其打印出的倒杨辉三角形（每个数据占 3 个字符）就是妞妞所喜欢的。每个倒三角形之间没有空行，见样本输出。

❑ 样本输入

```
5
3
```

❑ 样本输出

```
1     4     6     4     1
   1     3     3     1
      1     2     1
         1     1
            1
1     2     1
   1     1
      1
```

3.6.3 “顺”序列

❑ 基本描述

媛媛 5 岁了，她从一堆数字卡片中选出 4 张卡片：5、7、6、8。她摆弄这些卡片后发现它们可以排成比较顺的序列：5、6、7、8。她同样拿了另外 4 张卡片：5、7、1、2，可是怎么也排不成“顺”的序列。原来，媛媛所谓的“顺”序列是我们所知道的等差数列！媛

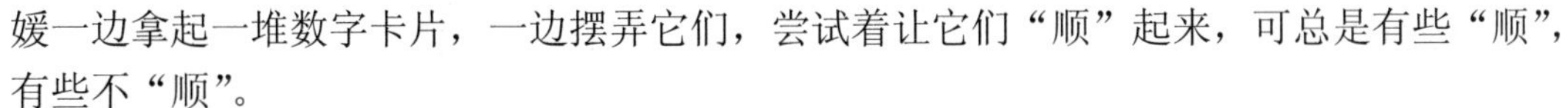

媛一边拿起一堆数字卡片，一边摆弄它们，尝试着让它们“顺”起来，可总是有些“顺”，有些不“顺”。

这个问题得靠你给她帮忙了，设计一个程序，能够判断给定的数字是否能构成“顺”序列。

❑ 输入描述

输入数据中，第 1 行为一个整数 n（1≤n≤10），描述后面一共有 n 组卡片，每组卡片的第 1 个数 m（1≤m≤100），表示后面会出现 m 张卡片。

❑ 输出描述

针对每组卡片，判断是否能构成“顺”序列。如果能构成“顺”序列，则输出 yes，否则输出 no。每个结果应分别在不同行显示。

❑ 样本输入

```
2
4 5 7 6 8
8 1 7 3 2 8 12 78 3
```

❑ 样本输出

```
yes
no
```

3.6.4 数字和

❑ 基本描述

媛媛的弟弟叫康康，与妞妞不同的是，康康喜欢数字，喜欢把一个完整的整数拆成零乱的数字。他振振有词地说，反正加起来都一样，因为他试过，先加这个数字与先加那个数字对结果没有影响。我们不禁要问，康康做这个事是不是太累了？早就可以付诸编程，给他一个惊喜。好吧，就由你来操刀吧。

❑ 输入描述

输入数据中包含不多于 50 个的正整数 n（$n<2^{32}$）。

❑ 输出描述

每个正整数都应输出一个各位数字和，并单独一行。

❑ 样本输入

```
12345
56123
82
```

□ 样本输出

```
15
17
10
```

3.6.5 组合数

□ 基本描述

贝贝的老师问，在 1、2、3、4、5 这五个不同的数字中取出 3 个数字，取法会有几种？贝贝摆弄了半天，终于回答说，是 10 种。那么，在这 5 个数字中取出 2 个数字，取法又会有几种呢？坐在贝贝旁边的同学回答说，也是 10 种。咦，贝贝差一点想说，那应该要少于 10 种。如果我们也是这样想，那真令人汗颜哪！

这些说难不难的问题困惑着小学生们，像这种在多个元素中取出其中的几个元素，有几种取法，在数学上叫作组合数。现在请你用快速且科学的计算，来给这些小朋友们解惑吧，当然要借助于编程了。

□ 输入描述

输入数据中包含不多于 50 对的正整数 n 和 m（m≤n≤20）。

□ 输出描述

对于每对整数 n 和 m，输出在 n 个元素中选取 m 个元素的组合数。每个这样的组合数单独占一行。

□ 样本输入

```
5 2
18 13
```

□ 样本输出

```
10
8568
```

3.6.6 折纸游戏

□ 基本描述

贝贝太喜欢玩折纸游戏了。

整张纸被分成 m×m 个格子，即构成一个方阵，每个格子里面都写了一个正整数。游戏分为两步：首先左右对折，如果面对面相碰的格子中的数字都相同，那么进行下一步操作，

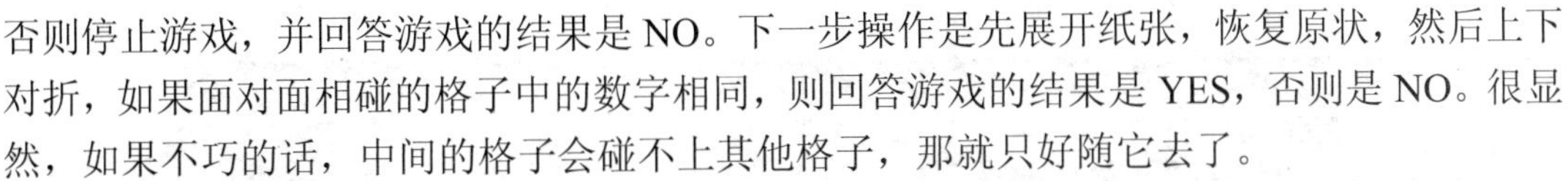

否则停止游戏，并回答游戏的结果是 NO。下一步操作是先展开纸张，恢复原状，然后上下对折，如果面对面相碰的格子中的数字相同，则回答游戏的结果是 YES，否则是 NO。很显然，如果不巧的话，中间的格子会碰不上其他格子，那就只好随它去了。

为了让贝贝不至于失望，每次游戏都要让她有十足的胜算。哦，只有靠编程了，你行！

❑ 输入描述

输入数据中，第 1 行为一个整数 n（n≤10），表示后面有 n 组数据。每组数据一开始，会有一个整数 m 表示后面有 m×m 个格子，格子中放有整数数据。

❑ 输出描述

每组数据对应一个游戏，应根据格子中的数据值，回答 YES 或 NO，每个回答都单独占一行。

❑ 样本输入

```
2
3
1 2 1
3 5 3
1 2 1
4
2 1 1 2
1 2 3 4
4 3 2 1
2 1 1 2
```

❑ 样本输出

```
YES
NO
```

第4章 解题指导

本章各套解题指导与第3章实验题的套号相匹配。

4.1 第一套实验

□ 本套实验的目的

（1）学习编程操作的整个过程。
（2）学习循环与实现简单循环。
（3）学习重复字符的字串表示。

4.1.1 OPS 欢迎您

字串是由若干字符组成的，字符中的字母有大小写之分，因此在表达字串时，大小写不能含糊。

输出语句中应包含回车符。回车符的 ASCII 码值为 10，它有以下几种表示：

```
endl, '\n', "\n", '\012', '\x0A'
```

其中，前三种比较常用。

endl 是对象形式，它比较人性化，但因为它不能与其他类型的数据进行运算，所以无法优化代码。而且从性能上来说，输出 endl 对象不如输出一个字符简洁。因而，小型编程中不常用它。大型编程中忽略这种微弱数量级的性能开支，并且更讲究优雅，所以用 endl 较多。

'\n'是字符形式，"\n"是字符串形式，输出流 cout 都能接受：

```
cout<<'\n';
```

或

```
cout<<"\n";
```

两者效果一样。

因为字符合并在一起构成字符串，所以将回车符包含在字符串中也是合理的，且由于减少了“<<”操作，而提升了性能。即将

```
cout<<"Welcome to the OPS. "<<"\n";
```

等价地改写成：

```
cout<<"Welcome to the OPS.\n";
```

4.1.2 一个@字符矩形

本实验需要一个循环，以不断输出相同字符串，构成矩形。

循环的次数是根据读入的整数 n 值来确定的。

因此，先读入一个 n，再进行循环，切不可将读入 n 的语句放入循环中。

由于循环的次数已知，可以设立如下 for 循环语句：

```
int n;
cin>>n;
for(int i=1; i<=n; i++){
  cout<<"@@@@@@@@@@@@@@@@@@@@\n";
}
```

因为循环执行体其实与循环变量 i 无关，n 也无须复用，加之循环体只有一条语句，包围它的花括号也可以省略，所以可以写成：

```
int n;
cin>>n;
while(n--)
  cout<<"@@@@@@@@@@@@@@@@@@@@\n";
```

for 结构的头上，有三个循环描述部分，第一部分是一次性执行语句，通常用来定义循环变量。但是灵活的设计告诉我们，这不是绝对的，甚至还可用下述语句来描述：

```
int n;
for(cin>>n; n--; )
  cout<<"@@@@@@@@@@@@@@@@@@@@\n";
```

对于 20 个相同字符的字符串，通过使用 string 类型的变量，可以有更简单的形式：

```
int n;
for(cin>>n; n--; )
  cout<<string(20,'@')+"\n";  // 等价于cout<<string(20,'@')<<'\n';
```

string 类型是系统提供的资源，在包含资源 iostream 时，已经将 string 类型一并包含，因为输入输出流都默认识别 string 类型。但是 VC6 的编译器还做不到这一点，必须单独使用包含语句“#include<string>”。

在使用 string 的时候要注意，其中第一个参数是整数，表示字符重复度，它不能为负数，否则会引起运行错误；第二个参数是被重复的字符，它不能是字符串，即用字面值表示的时候，只能用单引号，不能用双引号，例如：

```
cout<<string(20, "@");   // 错!
```

string 是一种串类型，它可以进行各种方便的串操作，用“+”操作进行串的拼接是其操作之一。例如：

```
cout<<string(20,'@')+ "\n";
```

要略优于

```
cout<<string(20,'@')<<'\n';
```

另外，虽然 string 的重复度字符串形式

```
cout<<string(20,'@')+ "\n";
```

比直接描述确定的字符个数

```
cout<<"@@@@@@@@@@@@@@@@@@@@\n";
```

简单，但是后者在执行效率上要略优于前者。

然而编程要考虑现实性，如果重复度是通过运行中计算获得的，那么就不能描述已确定长度的字符串，而只能通过 string 的重复度字符串形式来描述。

绝大多数的时候，我们不会去计较像这种以机器指令（微量到完全可以忽略不计）数量级的性能差异，宁可采用可读性好的 string 的重复度字符串形式。C++能够代替 C，也是因为借助于系统提供的资源，它的代码更优雅和简洁。

4.1.3 一个#字符正方形

根据读入的 n，输出边长为 n 的正方形，因此，一共循环 n 次，以达到输出 n 行字符串的目的。同时每次循环，都要输出长度为 n 的字符串，而不是编程时事先确定的定长字符串，可以用一个两重循环表示：

```
for(int i=1; i<=n; ++i)
{
  for(int j=1; j<=n; ++j)
    cout<<'#';
  cout<<'\n';
}
```

在上述代码中，外循环中包含了两条语句，一条是输出 n 个#字符的循环语句，另一条是输出回车符语句，切不可将这循环语句中的输出'#'的语句与单独输出回车符的语句轻易合并：

```
for(int j=1; j<=n; ++j)
  cout<<"#\n";
```

因为这样将每次输出一个'#'字符都要附带输出一个回车，输出形状与正方形就相去甚远了。

根据 4.1.2 节实验的启示，输出 n 个字符的循环，可以用非循环的 string(n,'#')语句代替，因而代码可以简化为：

```
for(int j=1; j<=n; ++j)
  cout<<string(n, '#')+'\n';
```

4.1.4 一个字符三角形

读入一个字符，根据该字符来勾画固定大小的字符等腰三角形。

注意读入字符与读入整数类型的不同之处。

在 console 窗口中输出结果数据，就像在打印机上输出结果一样，一旦打印了某个字符，就不可能回退补打其他字符，而只能在后面的列或下一行从头开始继续打印。因此，输出三角形时，考虑的输出应是从上到下、从左到右。

为了勾画等腰三角形，每行应先输出一定数量的空格，然后输出一定数量的字符。根据高为 7 的等腰三角形特征，列出下表：

```
行序      空格数      字符数
第1行：6个空格，1个字符
第2行：5个空格，3个字符
第3行：4个空格，5个字符
第4行：3个空格，7个字符
第5行：2个空格，9个字符
第6行：1个空格，11个字符
第7行：0个空格，13个字符
```

如果行号为 i，则空格数与行号的关系为 7 – i，字符数与行号的关系为 2i – 1。即每行打印 7 – i 个空格，再打印 2i – 1 个字符。以行号为循环变量的外循环，从 1 到 7 依次变化，得到：

```
char c;
cin>>c;
for(int i=1; i<=7; ++i)                  //外循环7次，行号为i
{
  for(int j=1; j<=7-i; ++j)              //7-i个空格
    cout<<' ';
  for(int k=1; k<=2*i-1; ++k)            //2i-1个字符
    cout<<c;
  cout<<"\n";                            //行末回车
}
```

注意：代码的锯齿形结构，为能理解代码起到了很大的作用。

在经历了 4.1.2 节实验和 4.1.3 节实验后，其实我们早就可以想到用 string 来构造重复字符的形式了。由于它代替了内循环，所以不但更简洁和优雅，而且甚至连性能都改善了：

```
char c;
cin>>c;
for(int i=1; i<=7; ++i)
  cout<<string(7-i, ' ')+string(2*i-1, c)+ '\n';
```

4.1.5 正方形面积

本实验是第一次面临输入数据未知的问题。求正方形的面积实际上就是求平方数，从计算角度上说，不是问题。但是必须学会如何处理循环读入数据，并不断地判断输入结束的状态。在第 2.4 节的样板实验中，文件 sum3f.cpp 的代码中给了输入并判断输入结束状态的简单处理方法。因此有下面循环读数且边读边输出的处理过程：

```
    //ifstream cin("pr1010E.txt");
    for(int a; cin>>a; )
      cout<<a*a<<"\n";
```

在代码中，开始使用了数据文件，文件名是自定义的。创建文件的方法，可阅读第 1.4 节的做题步骤中的“代码调试”。

因为输入数据的值范围 n（1≤n≤10000）已知，即可得知平方数的范围在整数类型所能表示的范围中。

值得注意的是，输出语句中有两个“<<”，这是不得已而为之。因为整数类型和字符或字符串类型是不同的类型，无法写在一个表达式中，只能通过独立的表达式而分别被流输出所接受。

4.1.6 A–B

与第 4.1.5 节实验相仿，只不过每次计算都是连续读入两个数。其循环与判断输入结束的结构可以是：

```
    for(int a,b; cin>>a>>b;)
```

凡是涉及计算，都要考虑计算结果的表示范围。题目中已经明确两个数的差一定在整数表示范围（-2^{31}～$+2^{31}$）内。

输入数据含有不超过 50 个的整数对的描述，表示数据的规模很小，只要简单地描写循环和计算即可。

4.2 第二套实验

❑ 本套实验的目的

（1）进一步熟悉编程环境和提交系统。

（2）积累编译改错经验。

（3）巩固文件操作技能。

（4）学习多重循环控制结构。

（5）了解程序优化技术。

4.2.1 字符三角形

如果考虑将打印多个相同字符这一循环，则涉及三重循环。

第一重循环是要成对读入数据，直到数据输入结束。

第二重循环是针对每次读入的数据 n，勾画高为 n 的字符三角形。

第三重循环是针对字符三角形的每一行，输出若干空格和若干字符。显然，输出重复空格和重复字符可以用 string 来表示，从而降低循环的层数：

```
    char c;
    for(int n; cin>>c>>n; )
```

```
  for(int i=1; i<=n; ++i)
    cout<<string(n-i, ' ')+string(2*i-1,c)+ '\n';
```

这里要注意的是，在 for 循环的三个描述部分中，第一部分只能描述一条语句，因而只能定义一种类型的变量，不能将两个变量定义都放在该处，例如：

```
for(char c,int n; cin>>n; )   // E2040: 声明格式错
```

4.2.2 字符菱形

可以将菱形看作两个三角形。其中上面三角形的高即为边长，下面三角形的高为边长减 1，而且是倒三角形。于是，处理过程如下：

第一重循环读入字符和边长。

第二重循环打印上下两个三角形。

第三重循环针对每行打印若干空格、字符，以及回车符。

同样在分析了每一行的空格数和字符数与行号的关系之后，可以用 string 代替第三重循环：

```
char c;
for(int n; cin>>c>>n; )
{
  for(int i=1; i<=n; ++i)              //上面三角形
    cout<<string(n-i, ' ')+string(2*i-1,c)+ '\n';
  for(int i=1; i<=n-1; ++i)            //下面三角形
    cout<<string(i, ' ')+string(2*n-1-2*i,c)+ '\n';
}
```

简化循环的技术可以帮助提高性能，但必须了解循环的内容。

上下两个三角形的总高度可以看作 2n–1，将 i 看作行号从 1 到 2n–1 进行循环，那么表达式 n–i 在上面三角形时呈正数，而下面三角形时呈负数，中间分界线的值为 0，即 n=i。在编程中，取绝对值可以用条件表达式（☞主教材第 2.2.2 节）实现：

```
n>i ? n-i : i-n
```

此时，上下两个三角形的空格数可以统一为 n–i 的绝对值，而上下两个三角形的字符数，上为 2i–1，下为 4n–2i–1。于是通过 string 就可以将上下两个三角形统一：

```
char c;
for(int n; cin>>c>>n; )
  for(int i=1; i<=2*n-1; ++i)
    cout<<string(n>i?n-i:i-n, ' ')+string(n>i?2*i-1:4*n-2*i-1,c)+ '\n';
```

也可以通过循环变量值的调整（将行号 i 从–n+1 到 n–1 进行循环变化），来改变绝对值的取值：

```
char c;
for(int n; cin>>c>>n; )
  for(int i=-n+1; i<=n-1; ++i)
    cout<<string(i>0?i:-i, ' ')+string(2*n-1-2*(i>0?i:-i),c)+ '\n';
```

C++中有一个库函数 abs，它返回数值的绝对值，例如，abs(n–i)的值为|n–i|。绝对值函数也可以用于本实验中，不过要包含资源 cstdlib 或 cmath。在上述代码中，可以将条件表达式“n>i?n–i:i–n”改为 abs(n–i)。读者可使用库函数 abs 自行修改上面的代码。

4.2.3 背靠背字符三角形

凡是打印字符三角形，打印每一行时，都需要打印若干空格，然后打印若干填充字符，最后在行末打印一个回车符。背靠背三角形则要求打印填充字符的时候，中间要有一个空格的间断。本实验的循环控制可以写为：

```
char c;
for(int n; cin>>c>>n; )
  for(int i=1; i<=n; ++i)
    cout<<string(n-i, ' ')+string(i,c)+" "+string(i,c)+"\n";
```

4.2.4 交替字符倒三角形

前面的实验都是读入字符与三角形的高，然后来勾画三角形。因为填充字符与空格都需要重复绘制，所以其循环可以用 string 来简化。但是本实验是两两字符重复，没有办法用 string 的功能，只能用循环实现。

方法一：

每一行的字符数都是单数，可以在打印若干空格之后，先打印一个'S'，然后，通过计算"TS"的个数，再打印若干"TS"。例如，针对高为 10 的交替字符倒三角形，其每行的空格数与"TS"数如下：

行号	空格数	TS数
1	0	9
2	1	8
3	2	7
4	3	6
5	4	5
6	5	4
7	6	3
8	7	2
9	8	1
10	9	0

因此便很容易得到，在第 i 行中，要打印 i–1 个空格和 n–i 个"TS"，于是主干代码为：

```
for(int n; cin>>n; )
  for(int i=1; i<=n; ++i)
  {
    cout<<string(i-1, ' ')+"S";
    for(int j=1; j<=n-i; ++j)
      cout<<"TS";
    cout<<'\n';
  }
```

方法二：

针对交替性特征，可以在奇数位置打印字符'S'，在偶数位置打印字符'T'。当i为从1到n变化的行号时，每行的空格数为i–1，字符数为2n–2i+1。

下面的代码对循环变量i进行了调整，i从n到1递减循环变化，于是，每行的空格数为n–i，字符数为2i–1：

```
for(int n; cin>>n; )
  for(int i=n; i>=1; --i)
  {
    cout<<string(n-i,' ');
    for(int j=1; j<=2*i-1; ++j)
      cout<<(j%2 ? "S" : "T");
    cout<<'\n';
  }
```

当j为奇数时，条件表达式“j%2 ? "S":"T"”的值为"S"，反之为"T"。

4.2.5 格式阵列一

本实验中的几个技术难点如下。

（1）每个格式阵列之间要空一行，而最前一个格式阵列之前与最后一个格式阵列之后没有空行，在循环体中描述时，缺乏对称性。

（2）每个整数的输出都有宽度，而且要求右对齐。由于整数可能是1位数，也可能是2位数，因此在输出时为了对齐，要做判断。

（3）元素值要做模运算，即自然增量除以某个整数所得余数。

（4）每行要先输出行号，它是一行中的单一操作，与循环输出一行的关系要处理好。

解决方法：

（1）可以理解为，每次打印格式阵列前都打印回车符（空一行），但第一次除外。因此，建立一个仅用于打印控制的整数m，初始化为0，每次打印一个格式阵列时，判断其值是否为0，非0时，打印回车符，随后便加1。故只有第一次判断时，因为其值为0而不予打印回车符。

```
for(int n,m=0; cin>>n; m++)
{
  if(m!=0) cout<<"\n";  //如果非首次打印，则回车打印一个格式阵列
}
```

（2）利用C++流操作的宽度设置功能setw(n)。

该操作需要包含资源：

```
#include<iomanip>
```

在处理中，每当输出一个整数时，其前附加格式设置操作：

```
cout<<setw(2)<<x;
```

注意，setw(n)的作用仅一次，例如：

```
cout<<"a"<<setw(3)<<25<<25;
```

结果为：

```
a 2525
```

其中，第二个 25 并没有在前面输出一个空格。

整数输出默认为右对齐，故可以忽略右对齐的操作。

（3）模运算操作符为“%”，它的功能为除法取余。例如 19%7 为 5。

（4）不要将输出行号的操作放到每次打印格式阵列的开始，也不要放到输出一行循环的里面，每次在输出一行循环开始的时候，单独输出一个行号。

```
for(int n,m=0; cin>>n; )
{
  cout<<(m++?"\n":"");                    //空行技术
  for(int i=1; i<=n; ++i)                 //开始打印格式阵列
  {
    cout<<setw(2)<<i<<"  ";               //打印行号，注意上下位置
    for(int j=1; j<=n; ++j)
      cout<<setw(3)<<(j+i-2)%n;           //对齐技术,模操作技术
    cout<<"\n";
  }
}
```

语句：

```
cout<<(m++ ? "\n" : "");
```

是进行打印控制语句，“m++”是条件判断式，当 m 为 0 时，其条件值为 0，m 随之增量，下一次判断之前，m 的值就是 1 了。该条件式既充当判断，又进行自增值操作。在语义比较清晰的上下文中，使用它可以适当提高性能，但是切忌滥用，否则容易造成理解困难。

条件表达式的语义与 if 条件语句

```
if(m++) cout<<"\n";
else cout<<"";                   //本行可以省略
```

等价。另外请注意，不能写成：

```
cout<<(m++ ? '\n' : '');
```

这是因为有空字符串，但没有空字符。也不能字符串和字符混合（条件表达式不论是作为“真”返回还是作为“假”返回，其值的类型应该是统一的），如下语句是错的：

```
cout<<(m++ ? '\n' : "");
```

4.2.6 格式阵列二

本实验控制格式阵列之间空行的方法与上个实验一样。其主代码样例如下：

```
for(int n,m=0; cin>>n; )
{
 cout<<(m++?"\n":"");
```

```
    for(int i=1; i<=n; ++i)              //打印格式阵列
    {
      for(int j=1; j<=n; ++j)            //打印一行
        cout<<" ("<<i<<","<<j<<")";
      cout<<"\n";
    }
}
```

在打印像“(5,3)”的输出时，因为括号中的值是随着循环不断变化的，用变量表示；而符号'('、','和')'只是确定的字符，所以在表达输出时，要逐项对待。需要注意的是：代码中用双引号输出字符与字符串，对于多个字符的字符串形式，一定要用双引号，对于单字符，则单引号、双引号任选。

4.3 第三套实验

□ 本套实验的目的

（1）学习判断语法错误和积累程序单步调试经验。

（2）进一步熟练循环的控制技巧。

（3）学习优化编程。

4.3.1 1!到 n!的求和

本实验是计算题，涉及多重循环，可以学习通过变量的作用域来沟通内外循环的基本技能。最外层循环获得一个 n 值，在已知 n 的情况下，在内循环可以构造对 1!到 n!进行求和的计算步骤。

首先要清楚求 n!的过程：

```
int t=1;
for(int i=1; i<=n; ++i)
  t = t*i;
//t保存n!的结果
```

t 必须先于循环而定义，以便在循环计算完成时，能够获取其计算结果。在 n!运算中，始终是做乘法，因此 t 的初始值为 1 而不是 0。

计算从 1!到 n!的和，可以看作循环执行上述求 n!的过程，只是每次求 n!时，循环次数有所不同，即 n 不同：

```
int sum=0;
for(int i=1; i<=n; ++i)
{
  int t=1;
  for(int j=1; j<=i; ++j)          //求i!
    t = t*j;
  sum += t;                        //i!的结果在t中
```

```
}
//sum保存1!+2!+…+n!的结果
```

同样，对 sum 的要求也是必须在求和循环开始前进行定义，并且此次的初值为 0，因为是求和。

如果内外循环一并考虑，要看清内外循环的功能就有些困难，以致可能搞错内外循环变量的定义位置，导致计算错误。例如，将 t 的定义放在 sum 的位置上，结果将会怎样？

```
for(int n; cin>>n; )
{
  int sum=0, t=1;                  //t的位置合适吗?
  for(int i=1; i<=n; ++i)
  {
    for(int j=1; j<=i; ++j)
      t *= j;
    sum += t;
  }
  cout<<sum<<"\n";
}
```

理解内外循环的作用及关系之后，可以看到，每次求 i!其实做了很多重复的工作。当外循环在从 1 到 n 的过程中，当循环从 i–1 转为 i 时，t 也从求(i–1)!转为求 i!，为什么 t 求 i!的过程总是从头重复呢？完全可以利用(i–1)!的信息来求 i!的值：

```
for(int n;  cin>>n;  )
{
   int sum=0;
   for(int i=1,t=1; i<=n; ++i)
   {
     t = t*i;   //i为1,2,3,…, n, t亦为1!,2!,3!,…,n!
     sum += t;
   }
   cout<<sum<<"\n";
}
```

因为 t 在该过程中属于内循环变量，所以把它放在内循环的 for 中定义。还有一种值得参考的解法是将所有从 1!到 n!的和值都先求出来，放在数组中，即：

```
a[1] = 1!
a[2] = 1!+2!
a[3] = 1!+2!+3!
⋮
a[n] = 1!+2!+3!+…+n!
```

然后，再开始读取输入数据，读入一个 n 就从数组中获取相应位置的值，打印输出即可：

```
int a[13]={0};
for(int i=1,t=1; i<=12; t*=++i)
  a[i] = t+a[i-1];
```

```
for(int n;  cin>>n;  )
  cout<<a[n]<<"\n";
```

上述过程中，注意 t 值即为 i!，每次求 a[i]都是从(i–1)!（即 a[i–1]）再加上 i!（即 t），即 a[i–1] + t。

该算法在输入数据量很大的情况下，具有较大的优势，因为每次读入 n 之后，以 n 为下标来访问数组的元素而无须计算，故其处理速度较快。

4.3.2 等比数列

根据 1!到 n!的求和，可以变化来求 $1 + q + \cdots + q^n$ 的值，即：

```
double sum = 1.0;    //因为q为实数，故其和也为实数
for(double t=q; n--; t*=q)
  sum += t;
//sum保存1+q+…+qⁿ的值
```

因此，对于不同的 n 和 q，不难求得各个不同的和。

C++继承了 C，也继承了其常用的数学函数库，即 math.h 头文件所定义的操作。读者只要打开该文件，就可以看到使用各种数学函数的调用格式。在 C++中，作为可用资源，只要包含

```
#include<cmath>
```

就可以使用其中的函数。于是，借助于求等比数列之和的数学公式

$$(1-q^{n+1})/(1-q) \qquad q\neq1$$

来简化求和过程：

```
#include<cmath>
…
double q;
cout.precision(3);
for(int n; cin>>n>>q; )
{
  double sum;
  if(q==1) sum=1+n;
  else sum = (pow(q, n+1)-1)/(q-1);
  cout<<fixed<<sum<<"\n";
}
```

其中，pow 是数学函数，pow(x,y)表示 x^y。因此，q^{n+1} 可以表示为 pow(q,n+1)。

当 q=1 时，算式中的分母为 0，除以 q–1，将导致运行错误。因此，要把 q 为 1 的情况区分出来，单独处理。

当 q≠1 时，根据题目描述，q–1 的绝对值在 1 之内，并且 n 的值不大于 20，因此，对绝对值来说，double 型数足够表示其和值，所以计算结果是安全的。

另外，该题提出了输出格式的要求，也就是浮点数的精度为小数点后 3 位。它要求对输出进行格式控制，即采用定点输出（cout<<fixed;），并限制小数点后的位数。

4.3.3 斐波那契数

斐波那契（Fibonacci）数（简称斐氏数）定义为：

$$\begin{cases} f(0) = 0 \\ f(1) = 1 \\ f(n) = f(n-1) + f(n-2), \quad n>1，整数 \end{cases}$$

因为斐波那契数的递推式已知，n 的范围已知，所以可以计算所有的 f(n)值。无论是将 f(n)预先求值放在数组或向量里，还是一边读入一个 n，一边计算一个 f(n)，都可以有效地完成本实验所要求的工作。下面的代码是将所有的 f(n)预先求值，并放在数组中。然后边读边访问数组下标：

```
int a[47]={0,1};
for(int i=2; i<47; ++i)
  a[i] = a[i-1] + a[i-2];
for(int n; cin>>n; )      //0<=n<=46
  cout<<a[n]<<"\n";
```

可以参看斐波那契数的算法代码（☞主教材第 6.3.2 节）。

4.3.4 最大公约数

最大公约数的计算方法，利用了辗转相除法而显得较简单（☞主教材第 5.6.3 节）。

4.3.5 最小公倍数

最小公倍数的算法可以先计算最大公约数，再用两个数的积除以最大公约数求得。但要注意的是，在输入描述中整数的范围描述，两数的积可能会超出整数的表示范围，而根据公约数的性质，两个数中的任一数都能整除该公约数，所以可以先用其中一个数除以最大公约数，再乘以另一个数，得到最小公倍数。

4.3.6 平均数

求已知个数的输入数据的平均数方法，可以一边读入数据，一边累计数据值；也可以将所有数据先读入数组或向量中，然后循环求和。最后用累计数据值除以数据个数以求得平均值。

在算法评估上，如果在同等的算法下，消耗资源少的算法占优。因此这两种求和方法就独立算法来说，应该是第一种较好，因为不占数组或向量空间，就减少占用许多内存资源。然而，本实验并不讨论算法的好坏，只要能正确地求解就达到了目标。

实验所给的输入若干组数据，以求得若干平均数，因此还需要在求平均数的外面再套上一层循环。下列给出了不用数组的算法：

```
for(int n; cin>>n;)
{
  double sum = 0;       //平均值为实数
```

```
  for(int i=1,a; i<=n && cin>>a; ++i)
    sum += a;
  // 输出sum/n
}
```

注意：每次循环开始，cin>>n 操作是必须做的，除非读不到数据。cin>>n 同时也作为循环结束的条件。放在 for 循环的条件判断部分的 cin>>n，既读入数据又承担条件判断，显得比较精练。

对于放在 i<=n 后面并列的条件判断 cin>>a，它的执行次数由于与 n 的个数对应，所以，这样的代码能够简化循环体中的工作，使程序更易读。

4.4 第四套实验

□ 本套实验的目的

（1）学习编程诸技巧；浮点数比较；位操作；二进制数妙用。

（2）学习函数定义与调用。

（3）学习递归函数的使用。

4.4.1 级数求和

级数求和公式：

$$1+x-\frac{x^2}{2!}+\frac{x^3}{3!}-\cdots+(-1)^{n+1}\frac{x^n}{n!}$$

先要找出其规律。方法一是先找到其通项，即直接写出第 n 项的表达式；方法二是根据上一项或上几项推得本项，称为递推式。本级数的第 n 项通项公式为：

$$a_n=(-1)^{n+1}x^n/n!,\qquad n=0,1,2,\cdots$$

于是可以得到其算法为：

```
double sum1 = 0, sum2 = 1;
for(int n=0; |sum1-sum2|>10^-6; n++)
{
  sum1 = sum2;
  a = (-1)^(n+1)x^n/n!;
  sum2 = sum2 + a;
} //sum2保存级数之和
```

这里的算法用准编程语言表示，可以在结构和数学描述上都更清楚。

由于 x 的变化范围为(0,40)，n 的变化范围更是在大于 1 的正整数之中，所以 x^n 可能溢出浮点型表达的范围，n!也很容易溢出整型范围。于是，a 的求值会因为溢出而失去精确性。因此，通过通项公式逐项求和的办法行不通。

将级数的每一项写成递推的形式：

$$a_0=1$$

$$a_n=(-1)xa_{n-1}/n,\qquad n=1,2,3,\cdots$$

于是可以得到其算法为:

```
double sum1 = 0, sum2 = 1;
for(int n=0; |sum1-sum2|>10^-6; n++)
{
  sum1 = sum2;
  a = (-1)*x*a/n;
  sum2 += a;
} //sum2保存级数之和
```

与前面的算法相比，只是在求第 n 项的值上有所区别。

值得注意的是，循环控制中，不知道 n 的值将会递增到多大，只是对前后两个和的差的绝对值进行精度控制，如果前后两次求和的差的绝对值小于 10^{-6}，则说明已经达到所要求的精度，因此可令循环计算过程停止。又因为 $sum2=sum1+a_n$，所以:

```
|sum1-sum2| = |sum1-sum1-a_n| = |a_n|
```

其算法可以改进如下:

```
double sum=1, a=x;
for(int n=2; |a|>10^-6; n++)
{
  sum += a;
  a = (-1)*x*a/n;
} //sum保存级数之和
```

只要将读入数据的循环控制加入，就成了过程处理的主代码:

```
for(double x; cin>>x; )
{
   double sum=1, a=x;
   for(int i=1; abs(a)>1e-6; a*=(-1)*x/++i)
     sum += a;
   cout<<fixed<<"x="<<x<<", sum="<<sum<<"\n";
}
```

在代码中，abs 为数学库函数，表示绝对值，需要包含 cmath 资源。“1e–6”是浮点数值，表示 10^{-6}。对于:

```
a = (-1)*x*a/n;
n++;
```

在代码中将其合并为:

```
a *= (-1)*x/++n    //注意i的起始值
```

这样使得代码变得更为紧凑。

另外，由于 C++流中对定点数的输出，其默认小数精度为 6 位，因此省略了对流的精度控制，直接以定点格式输出即可。

4.4.2 对称三位数素数

如果一个数，不是三位数，则排除。

如果一个数，不是对称数，则排除。

如果一个数，不是素数，则排除。

否则，便是对称三位数素数。

上面三个否定条件是并且的关系，任何条件不满足，都可以立刻判定其非对称三位数素数。但是在具体代码中表达该算法时，由于判断素数的复杂性受到数值大小的影响，因此在判断素数之前，应确认该数已经是三位数，并且是对称数。代码如下：

```
bool isPrime(int n)
{
  for(int i=2; i<=31; ++i)
    if(n%i==0) return false;
  return true;
}
int main()
{
  //ifstream cin("pr1040B.txt");
  for(int n; cin>>n; )
    cout<<(n>100 && n<1000 && n/100==n%10 && isPrime(n) ? "Yes\n" : "No\n");
}
```

在输出语句中，“n>100 && n<1000”用于判断是否为三位数，如果该条件失败，由于C++的逻辑短路作用，根本不会去判断素数而立刻输出 No；其次，“n/100==n%10”用于判断是否为对称数，该条件失败时，同样会结束判断；最后，所要判断的数一定是三位数。因此在判断素数的算法中，其循环变量 i 可以简化为 2~31（31^2 为 961，32^2 为 1024 超过了1000，所以 i 无须达到 32）。比较下列代码：

```
bool isPrime(int n)
{
  int sqt = sqrt(n*1.0);    //sqrt需要有#include<cmath>支持
  for(int i=2; i<=sqt; ++i)
    if(n%i==0) return false;
  return true;
}
int main()
{
  ifstream cin("pr1040B.txt");
  for(int n; cin>>n; )
    cout<<(isPrime(n) && n<1000 && n>100 && n%10==n/100 ? "Yes\n" : "No\n");
}
```

该算法中，因为首先判断其是否为素数，所以在 isPrime 函数中，为了优化，对 n 求了一次平方根，但是该平方根值还是不能肯定会缩小循环的规模。

但是，由于测试数据很小（不多于 50 个整数），其算法是看不出优劣的。该算法照样能通过提交系统。

对称三位数素数的数量是很有限的，因此，可以用很小的计算代价获取一个对称的三位数素数集合（或向量）。然后依次读入整数，快速地查找该集合中是否有该数，以判定真假。具体的代码为：

```
bool isPrime(int n)
{
  for(int i=2; i<=31; ++i)
    if(n%i==0) return false;
  return true;
}
int main()
{
  set<int> s;                              //需要有#include<set>支持
  for(int i=1; i<10; i+=2)                 //该二重循环产生对称三位数素数集合s
  for(int j=0, a; j<10; ++j)
    if(isPrime(a=i*101+10*j))
      s.insert(a);
  //ifstream cin("pr1040B.txt");
  for(int n; cin>>n; )                     //读入数据与查找判断
    cout<<(s.find(n)==s.end() ? "No\n" : "Yes\n");
}
```

在代码中，输出语句中带有条件表达式。该条件是判断“集合 s 中有没有该元素”，s.end 函数表示集合尾部，若一直寻找到尾部还没有找到，则说明集合中没有该元素。

4.4.3 母牛问题

母牛问题首先要找出依赖于 n 的通项，或依赖于前项的递推式。为此，尽可能多地列出前若干项：

1	**2**	**3**	**4**	**5**	**6**	**7**	**8**	**9**	**10**	**11**	**12**	**13**	**14**	**…**
1	1	1	2	3	4	6	9	13	19	28	41	60	82	…

正确列出前若干项是分析递推式的基础。

（1）第 4 年有 2 头母牛，是因为最初的母牛开始生育了。

（2）第 5 年和第 6 年分别有 3 头和 4 头母牛，是因为最初的母牛年复一年地生育。

（3）第 7 年有 6 头母牛，是因为在第 4 年生育的母牛在第 7 年时，已经生长到第 4 年了，也开始生育了。

（4）第 8 年时的母牛数量比上一年增加了 3 头，是因为第 5 年出生的 3 头母牛到这一年都具有生育能力，因此在上一年 6 头母牛的基础上，增加 3 头。

（5）以后每一年都是在上一年母牛数量的基础上，增加具有生育能力的母牛数量，也就是倒数第 4 年的母牛数量。

（6）以此类推，令 f(n)为第 n 年的母牛数量，则可以得到以下递推式：

$$\begin{cases} f(1) = 1 \\ f(2) = 1 \\ f(3) = 1 \\ f(n) = f(n-1)+f(n-3), \quad n>3\text{，整数} \end{cases}$$

若要找出通项，则要依赖于数学推导，相对比较复杂，这里忽略。

有了递推式，就可以设计求 f(n)的算法了，有以下两种思路。

一是建立 n 个整数的数组或向量，前三个元素预先赋值，然后从第四个元素到最后一个元素循环，根据前面的元素值求得每个当前元素的值。因为问题中框定 n 的范围不超过 40，所以数组的个数是确定的。最后，边读 n 边从对下标的访问中获得 f(n)的值。其对应的代码为：

```
vector<int> a(40, 1);          //需要有#include<vector>支持
for(int i=3; i<40; ++i)        //计算所有的f(n),注意f(n)的值放在a[n-1]中
  a[i] = a[i-1] + a[i-3];
for(int n; cin>>n;)            //边读入n, 边对a进行下标访问, 获得f(n)
  cout<<a[n-1]<<"\n";
```

另一种是建立三个变量，分别为 a1、a2、a3，赋初值均为 1，当读入的 n 值不大于 3 时，则得出结果为 1；否则循环 n–3 次，每次循环将这三个变量按递推式滚动。其对应的代码为：

```
int t = a1;                    //临时变量, 保护滚动赋值时的数据
a1 = a2;
a2 = a3;
a3 = t + a3;
```

循环结束后，a3 中存放的值即为 f(n)。其对应的代码为：

```
for(int n; cin>>n; )
{
  int a3 = 1;
  for(int i=4,a1=1,a2=1,temp; i<=n; i++)
  {
    temp = a1;
    a1 = a2;
    a2 = a3;
    a3 += temp;
  }
  cout<<a3<<"\n";
}
```

为了保证循环结束时，能够在循环外取得 a3 的值，需要将变量 a3 定义在循环体外。

另外，当 n 的值不大于 3 时，在经过循环判断时，由于不满足循环条件而在第一轮就自然退出。打印的结果为最初赋给 a3 的初值 1。

根据递推式，还可以方便地进行如下递归设计：

```
int ox(int n)
{
  if(n<4) return 1;
  return ox(n-1)+ox(n-3);    //递归调用ox
}
int main()
{
  ifstream cin("pr1040C.txt");
  for(int n; cin>>n; )
    cout<<ox(n)<<"\n";
}
```

递归设计必须先设计一个独立的递归函数。注意，递归条件很有讲究（☞主教材第 5.6.2 节）。程序中的递归本质上是数学上的递推，因此得出数学递归式后，能够很容易地对应编程设计递归函数。递归设计虽方便，但是在运行中会层层复制嵌套的数据，消耗内存资源比较“狠心”，所以容易受计算机软、硬件环境的制约，在实际应用中，需要频繁递归的算法一般都回避使用。例如，计算 1~n 的自然数列求和，对应的代码为：

```
int sum(int n)                //需要n次递归才能得到最后结果
{
  if(n==1) return 1;
  return n + sum(n-1);
}
```

这种算法从来没有实际应用过，而求最大公约数的算法（☞主教材第 5.6.3 节）却应用得比较多：

```
int gcd(int a, int b)         //只要几次递归就可以得到最后结果
{
  if(a%b==0) return b;
  return gcd(b, a%b);
}
```

4.4.4 整数内码

打印整数的内码对了解计算机内部表示会有很大帮助，而打印内码所使用的技巧，同样会提升编程表达的能力。

整型数内码是 32 位二进制补码数。这与将十进制整数转换成二进制数还有一些不同。例如，将 5 转换成二进制数为 101，而其整数内码还要包括所有 101 前面的 29 个 0。将–5 转换成二进制数为–101，而其整数内码为补码形式：

```
11111111111111111111111111111100
```

打印内码可以使用位操作&、<< 和 >>。对 1：

```
00000000000000000000000000000001
```

做左移（<<）5 位操作，即“1<<5;”，得：

```
00000000000000000000000000100000
```

一个整数内码的每一位都只有 0 和 1 两种状态，因此可以通过位的与（&）、或（|）操作来查看整数内码中的任何一位。例如，打印整数–5 的最高位，代码如下：

```
cout<<((-5 & 1<<31)? 1:0);
```

因为其运算如下：

```
     11111111111111111111111111111100         //-5
   & 10000000000000000000000000000000         //1<<31
  ----------------------------------------
     10000000000000000000000000000000         //-5&1<<31(非0)
```

也可以将最高位移到最低位打印：

```
cout<<(-5>>31 & 1);                           //结果直接为1或者0
```

因为其运算如下：

```
     11111111111111111111111111111111         //-5>>31
   & 00000000000000000000000000000001         //1
  ----------------------------------------
     00000000000000000000000000000001         //-5>>31 & 1
```

有符号数左移时会补充最高位当前的位值，这里显然是 1，所以在左移 31 位之后，左边补充了 31 个 1。将待打印的位移到最低位来判断打印的好处是省略了条件表达式。因为高位被“& 1”的位操作清 0，其结果只可能为 1 和 0，这恰好就是要打印的值。于是，打印整数 n 的内码可以看作从高位到低位循环打印整数的 32 位内码：

```
for(int i=31; i>=0; --i)
  cout<<(n>>i & 1);
```

由于最高位为 1，一定是负整数，所以还可以通过判断正负性来确定是 1 或 0。代码如下：

```
for(int i=0; i<31; ++i)
  cout<<(n<<i < 0);
```

第一次循环 i 为 0，n<<0 的值为 n，所以当 n 为负数时，n<<i 小于 0。

第二次循环 i 为 1，n<<1，是将第二位移到最高位，如果第二位为 0，则移位操作 n<<1 之后的值大于 0，于是就打印 0，以此类推。

4.4.5 整除 3、5、7

本实验的目的是学习编程技巧，通过优化来简化程序，从而观察逻辑运算的本质。

一个数可以或不可以被 3 整除有两种情况，可以或不可以被 5 整除有两种情况，可以或不可以被 7 整除也有两种情况；排列组合之后，一个数能被 3、5、7 整除总共有八种不同的情况。

将一个数连着做三次整除运算，并做三次判断可以确定该数被 3、5、7 整除的一种情况，因此，最多嵌套做 24 次判断，就能判定全部被 3、5、7 整除的情况。

将一个整数被 3、5、7 整除的各不相同的两种情况来计算总的不同情况时发现，要做 2×2×2 即 2^3 运算。这实质上可以看成一个 3 位二进制数。如果将这八种状态用一个 0～7 的整数表示，则就可以简单地用 switch 语句来实现。

n%3 的余数为 0 或不为 0 可以决定除以 3 的两种状态。

n%5 的余数为 0 或不为 0 可以决定除以 5 的两种状态。

n%7 的余数为 0 或不为 0 可以决定除以 7 的两种状态。

将 n%3 的两种状态作为二进制数的第三位，将 n%5 的两种状态作为二进制数的第二位，将 n%7 的两种状态作为二进制数的第一位，便可以组成 3 位二进制数。

!(n%3)的值为 1 或 0，当 n 被 3 整除时为 1，当不能整除时为 0。

!(n%5)的值为 1 或 0，当 n 被 5 整除时为 1，当不能整除时为 0。

!(n%7)的值为 1 或 0，当 n 被 7 整除时为 1，当不能整除时为 0。

因此：

```
!(n%3)*4 + !(n%5)*2 + !(n&7)
```

便是 0～7 不同的八种状态。因此，其实现代码可以为：

```
for(int n; cin>>n;  )
  switch((!(n%3)<<2)+(!(n%5)<<1)+!(n%7)){
    case 0: cout<<n<<"-->None\n"; break;
    case 1: cout<<n<<"-->7\n";     break;
    case 2: cout<<n<<"-->5\n";     break;
    case 3: cout<<n<<"-->5,7\n";   break;
    case 4: cout<<n<<"-->3\n";     break;
    case 5: cout<<n<<"-->3,7\n";   break;
    case 6: cout<<n<<"-->3,5\n";   break;
    case 7: cout<<n<<"-->3,5,7\n"; break;
  }
```

注意：x*4 等价于 x<<2。

4.5 第五套实验

❑ 本套实验的目的

（1）进一步学习编程技巧；条件表达式代替条件语句；逻辑短路表达式。

（2）权衡不同解题方法的性能。

（3）vector 的使用。

4.5.1 十进制数和二进制数的转换

方法一：

将十进制整数转换成二进制数，一般的方法是循环做除 2 取余。但需要注意以下事项。

（1）当 n 为 0 时，应放弃除 2 取余，而直接输出“0-->0”。

（2）除 2 取余所得到的余数 01 串，作为输出结果要倒过来排列。

（3）输出二进制数时，不要忘了符号。

其实现代码如下：

```
if(n==0){ cout<<"0-->0\n"; continue; }
string s;
for(int a=n; a; a/=2)
  s += (a%2 ? '1': '0');
reverse(s.begin(), s.end());   //需要有#include<algorithm>
cout<<setw(11)<<n<<(n<0?"-->-":"-->")+s+"\n";
```

这里利用 string 进行字符拼接的“+”操作，以及可以不写循环直接输出 string 串的优点。

reverse 是 C++的标准算法，它的作用是将任何容器中的元素倒过来摆放。

方法二：

如果利用整数内码的特性，则十进制数转换为二进制数还可以设计如下：

```
cout<<setw(11)<<n<<"-->";
if(n==0){ cout<<0<<"\n"; continue; }
if(n<0){ cout<<"-"; n = -n; }
int i=31;
while(!(n & 1<<i)) i--;   // i定位到从左到右第1个非0位
for(int k=i; k>=0; --k)
  cout<<(n>>k & 1);
cout<<"\n";
```

该代码在处理的时候要注意，输出的二进制数不是补码，所以先要将小于 0 的整数做正负转换。而且，并不需要将整数内码全部输出，即应将前导 0 去掉。

这样设计的优点是不需要利用 string 操作和 reverse 算法，因而性能上会占优，而且也没有增加代码的复杂性。

4.5.2 均方差

根据均方差的公式：

$$s=\sqrt{\frac{1}{n}\sum_{i=1}^{n}(x_i-\overline{x})^2}$$

便可以有下列算法。

第一步：输入 n。

第二步：当循环 n 次，则转到第十二步。

第三步：读入 m。

第四步：建立 m 个元素的向量 a。

第五步：平均值 aver 置 0。

第六步：[读入 m 个整数到向量 a 中，边读边累积到 aver]。

第七步：aver/m->aver。

第八步：方差 sum 置 0。

第九步：[对 a 中每个元素循环，计算方差(a[i]–aver)2->sum]。

第十步：输出 sum/m 的平方根。

第十一步：转到第二步。

第十二步：结束。

根据该算法，适当地做了一些优化，便有下列代码：

```
int n; cin>>n;
for(int m; n-- && cin>>m; ){
  double aver=0, sum=0;
  vector<int> a(m);
  for(int i=0; i<m && cin>>a[i]; ++i)
    aver += a[i];
  aver /= m;
  for(int j=0; j<m; ++j)
    sum += (a[j]-aver)*(a[j]-aver);
  cout<<fixed<<setprecision(5)<<sqrt(sum/m)<<"\n";
}
```

值得注意的是，本题的输出结果对精度的要求是小数点后 5 位，因此必须使用流的精度设置语句 setprecision(5)，而且还必须捆绑使用 fixed 状态设置。上述代码用到了以下头文件：

```
#include<fstream>
#include<vector>
#include<iostream>
#include<iomanip>
#include<cmath>
```

4.5.3 五位数以内的对称素数

本实验与 4.4.2 节的实验相似，但更为复杂。判断整数的对称性不仅是三位数，还包括所有五位数之内的数。素数判断也从三位数增加到五位数。

为此，除了一开始要判断整数 n 是否小于 100000，以减少对称性和素数判断的计算复杂性之外，最好分别编写对称性判断和素数判断的函数，这样对阅读和理解会带来很大的帮助。相应的代码如下：

```
bool isPrime(int n)
{
  if(n!=2 && n%2==0) return false;
  for(int i=3; i*i<=n; i+=2)
    if(n%i==0) return false;
  return true;
}
bool isSym(int n)
```

```
{
  if(n<12 && n!=10) return true;            //一位数和11都是对称的
  if(n>100 && n<1000 && n/100==n%10) return true;        //判断对称三位数
  if(n>10000 && n/1000==n%10*10+n/10%10) return true;  //判断对称五位数
  return false;
}
int main(){
  for(int n; cin>>n; )
    cout<<(n<100000 && isSym(n) && isPrime(n) ? "Yes\n" : "No\n");
}
```

因为判断小于 100 000 在先，所以素数判断只考虑 100 000 内的整数。

素数判断时，先排除 n 为 1、2 以及 2 的倍数的情况。从而后面因子的试除步长就可以用 2。循环的结束依赖于因子的平方是否大于 n，这都是从性能着手的思考。

小于 100 000 的整数对判断对称性来说，只需要考虑五位数以下的情况。一位数肯定是对称的，二位数只有 11 是对称素数，三位数只要头尾两个数字相同就是对称的，四位数中任何对称数都不是素数[①]，五位数的判断稍微复杂一点。

4.5.4 统计天数

本实验的输入数据既有字符串又有整数，为了区分其不同的年、月、日部分，需要分辨其数据类型：

```
string s,t;
int a;
cin>>s>>a>>t;
```

对于日期 Jan. 25 2002*来说，输入之后，s 的内容将是 Jan.，a 的内容将是 25，t 的内容将是 2002*。因此，不断输入和累计的过程可以有如下代码：

```
int n=0, a;
for(string s,t; cin>>s>>a>>t; )
  if(a==25) n += t.length()-3;  //等价于n += (a==25)*(t.length()-3);
cout<<n<<"\n";
```

for 循环中负责累计的条件语句从原始语义出发，应为：

```
if(a==25)
{
  n++;
  if(t.length()==5)
    n++;
}
```

但是它不如实际代码精练。年的长度只有两种可能（4 和 5），利用这个差异来表达加 1 天还是加 2 天应该有很多意想不到的技巧。实际代码甚至还可以不用条件语句编写：

① 假设四位对称数为 abba，即 1000a+100b+10b+a=1001a+110b=11(91a+10b)为具有因子 11 的合数。

```
n += (a==25)*(t.length()-3);
```

若将输入看作一行一行的数据，则可以按行读入，构成另一种算法：

```
int n=0;
for(string s; getline(cin, s); )
  if(s.substr(5,2)=="25")
    n += s.length()-11;
cout<<n<<"\n";
```

将一行读入 string 变量是用 getline，因为中间的日期是位置固定的两位，所以可以用 string 的子串操作来获得。不过比较也应该用字符串而不用整数：

```
s.substr(5,2)=="25"
```

日期的总长度有两种可能（12 或 13），可以利用这种差别来确定是加 1 还是加 2：

```
n += s.length()-11;
```

4.5.5 杨辉三角形

杨辉三角形的每一项都与组合数有关，因此如果掌握了求组合数的方法，则打印杨辉三角形就不再困难。

在 n 中取 m 个元素的所有可能组合为：

$$C_{n,m} = n!/(m!(n-m)!)$$

利用求 n!的方法，很快就会得到求组合数的函数。

组合数有一个递推公式：

$$C_{n,m}=C_{n-1,m-1}n/m$$

利用这个递推公式，可以写出求组合数的递归函数：

```
int combi(int a, int b)
{
  if(b==0) return 1;
  return combi(a-1,b-1)*a/b;
}
```

有了计算组合数的武器，则杨辉三角形的打印就只是格式问题了：

```
for(int n,m=0; cin>>n; )  // m为空行控制变量
{
  cout<<(m++ ? "\n":"");
  for(int i=0; i<n; i++)
  {
    cout<<setw(3*n-3*i)<<1;
    for(int j=1; j<=i; j++)
      cout<<setw(6)<<combi(i,j);
    cout<<"\n";
  }
}
```

杨辉三角形还有一种性质，就是每个元素都是上面直接对应的两个元素的和。根据这一性质，可以根据上一行的数据来获得本行的每个元素，从而构造新一轮循环：

```
for(int n,m=0; cin>>n; )
{
  cout<<(m++ ? "\n":"");
  vector<int> a, b(n,0);              //用数组则不能复制
  b[0] = 1;
  for(int i=1; i<=n; a=b,i++)
  {
    cout<<string(3*n-3*i,' ')+"  1";
    for(int j=1; j<i; j++)
      cout<<setw(6)<<(b[j]=a[j-1]+a[j]);
    cout<<"\n";
  }
}
```

在上面的代码中，向量 a 代表上一行，向量 b 不断构造本行数据，构造的同时打印出来；等到下一次循环时，又将数据复制给 a，以让新的一行重复打印过程。

第二部分　基础编程

基础编程的学习目标是以编程解题的实验为手段，提高综合分析和解决问题的能力。

从本质上提高编程能力，一定要经过充分的实践环节。没有实践的前提，许多体系化的知识，到了课堂上来讲，就变成了一种教条。正像钢琴老师边弹边讲解如何弹奏钢琴一样，学生如果没有充分的练习机会，永远也消化不了老师所说的弹奏方法。编程入门要靠实践，编程提高也要靠实践，实践的目的在于提高理解和掌握书本知识的能力，将书本知识真正消化为自己的知识与能力。同时，实践也是在掌握一种学习方法，掌握自我学习和提高编程能力的方法。

第二部分的实验涉及大量编程技巧和方法的学习，读者将会了解编程语言的一些内部特性，帮助优化和开拓编程思路。了解编程工具的特点和编程资源（主要是 STL）的内容，就可使编程表达能力大大加强；学习从数学推算中寻求问题解决方案的方法，根据数据量和计算量的估算，确定所设计的程序能否达到要求；学习分析数据信息特征，来突破空间限制；学习周密考虑各种数据处理的情况，学习递归设计，学习大整数的表示及加、减、乘、除运算，学习模运算的数学规律，帮助优化代码；学习和实践空间换时间的各种编程策略，了解容器中对数据的搜索方法，并比较各种方法的优劣，了解程序质量的评价标准，从而把握编程学习及其提高的途径。

第二部分的实验也是在培养一种意识，从进入编程的殿堂，到成为一个编程高手，需要如何努力，差距在哪里，看清实质问题之所在。在具备判定程序质量好坏的洞察力之后，意识到编程能力提高的关键最终在于提高数学和逻辑分析能力。因而，对算法分析和设计的学习产生渴望，为后续的数据结构和算法课程的学习打下基础。

第二部分的内容学习得是否到位，是能否成为一个程序员的分水岭。本部分内容看透之后，便有了相当强的操作能力、分析能力、设计能力和学习能力，扫清进一步学习与提高编程能力的障碍，学习兴趣会随之而增加，同时，搞科学研究和应用开发都成为可能，从心态上和能力上达到程序员的水平。

第5章 实验概述

5.1 实验目标

□ 总体目标

本章目标是掌握 C++程序设计的基本方法，提高以编程来解决实际问题的能力

（1）重视数学方法，提高数学推算与编程表达的互相转换能力。

（2）拓展编程表达的方法，熟练运用函数调用等手段进行计算模块的分离。

（3）进一步学习使用 C++标准库。

（4）在编程正确性的前提下，关注数据结构及算法思想，改进代码，提高程序运行的性能。

（5）巩固编译查错技术，进一步积累调试技术。

□ 具体目标

（1）学习分析算法复杂性。

从第二部分开始，编程问题开始加大难度，目的是引导读者对算法复杂性的关注。也许同样的问题，以前可以通过编译并提交系统执行，而现在却通不过了，需要改进算法才能通过。让读者意识到改进算法的技能是一个具有挑战性的漫长过程。在这个过程中，因为亲自想出并实践了自己的算法思路，最终获得 AC（Accepted）而感到无比的快乐。改进算法首先是要对问题的算法复杂性进行分析，而分析大多是从分析测试数据的可能规模开始的。

（2）设计与构想测试数据。

设计与构想测试数据是一种学习解题的方法。面对问题中对程序运行的性能要求，只有了解测试数据的规模和边界，才能正确设计程序。

（3）关注语句的执行效率，改善运行时间复杂性。

语句的执行效率，每种语言都有所不同。这是在实践中体会和深化对 C++编程语言的学习过程，是从小处着手，为编写理想算法的高效程序代码打下基础。

（4）学会代码文件和数据文件的命名和备份管理。

随着编程量的加大，计算机中对代码和数据文件的管理变得迫切起来，同样的问题不同的解答，外来参考的代码必须进行分类命名与管理，优良的编程风格也越来越体现其作用。

（5）理解函数的内涵，掌握函数的运用。

函数是学习C++编程语言中的关键概念，C++语言所架构的程序代码中，函数是其最基本的代码扩展形式。函数的声明形式、定义形式、参数以及默认值、调用时的实参传递、递归函数以及函数指针，都构成了灵活运用函数的基本要素。

（6）注意学习算法思想，关注标准库中各容器的差异。

在学习编程与模仿过程中，会看到一些代码编得好，一些代码编得不够好，其中运行性能是其很重要的指标。因此，代码中所采用的标准库算法、容器，还有常规的算法描述越来越多地进入程序员的编程视野中，了解它们便是一种很好的学习方法。

（7）掌握编译错误信息的解读与纠正技术，积累调试技术。

编译错误的检查很多与经验有关，还有一些错误，需要查阅编译错误信息一览及借助语言的帮助工具，掌握这一技能是这一阶段的任务。同时，程序调试工作与第一部分的实验相比变得凝重起来，算法复杂后必然会暴露运行中的许多错误和问题，解决这些问题的能力大多依靠经验积累，因为它不是普适性的结论性知识，而是融于过程体验的不同个性经验。

□ 几个难点

（1）测试数据的总量规模、数值规模及边界的估计。

一般来说，测试数据的总量（输入数据可能的总量）规模在题意中并不显式地反映，而是通过对问题的理解和数值规模对问题解决的复杂性影响等因素的分析来确定。而数值规模（一些关键量的取值范围）一般在输入描述中都有交代，即使没有交代，从问题描述中也可以分析出来。例如，表示人数的量值不可能取负等。边界值往往是要自己给出，它是测试程序正确性、测试算法对复杂性的承受能力的重要依据。这些量的分析，对于决定采用什么算法有着关键的作用，往往要身临其境，才能有完整的数据想象。

（2）题意的正确理解。

编程都是面向问题的，问题的描述如果复杂起来是没有止境的，而且并没有明确要采用什么数据结构，什么算法来解决问题。对题意正确理解的能力也是来自实践中不断求解的经历。

（3）容器及标准算法的选用。

容器及标准算法都有数据个性的针对性，编程能力的培养本身就是要拉近问题与解决方案的距离，正确定位解决方案的前提是对解决方案的透彻理解。只有在实践中才能深刻体会到特定容器与标准算法的处理能力。

（4）经典算法的理解。

在编程中，会从各种途径得到问题解决的不同代码，这也会影响读者的编程能力。或许，有些代码因为其所采用的算法独特而看不懂，随着编程经验的丰富，且涉及数据结构与算法设计的学习之后，很多代码的理解都会迎刃而解。

5.2 实验规则

本阶段的实验更接近竞赛形式，每个实验都有运行时间和使用空间的限制。因此，编程时，在算法的性能上提出了更为实用的要求。

在一道题提交成功后，如果该题曾经失败提交，则每次失败提交都要另加时间分10分。因为竞赛时，排名是按做题多少为先后的，在做题数相等时（会有多人做题数相等），就看耗用时间，谁的耗用时间少，谁就排名靠前。因此，增加时间分，不利于排名，是一种对失败提交的惩罚。也就是说，对解题要求来说，更强调确定性。如果编译和调试都没有过关，或有格式问题，这些涉及编程熟练度的问题，都将在成绩中反映出来。如果对算法的特点不了解，而盲目地去尝试，以期侥幸"AC"，就很可能会遭到时间分惩罚。因此对准确领会题意，正确估计测试数据的规模和算法复杂性，都有具体和细微的考量。

平时的实验以套为单位可以采用竞赛的形式举行，特别是阶段测验和期末考试，完全可以竞赛形式举行。以下是竞赛形式中的纪律。

（1）考试时间为2.5小时（比书面考试时间要长，最多3小时，由主考教师自定）。

（2）每个学生可以携带诸如书、手册、程序清单等参考资料（完全开卷）。

（3）每个学生不能携带任何可辅助计算的电子工具及计算机外设。

（4）每个学生不能携带任何可进行联络的通信工具。

（5）考试中，每个学生不得彼此交谈。有问题或题目有错，可以向老师提出，但老师不进行题意解释。

（6）考试进行一定时间后，主考教师可以因出现不可预见的事件临时调整考试时间，并以统一的形式通告每个学生。

（7）当学生妨碍考试正常进行时，如擅自移动实验设备；擅自修改比赛软、硬件；干扰他人实验；非法进行网络共享和通信，如用QQ或MSN等网络聊天工具与其他学生联络等，都会被主考教师剥夺考试资格。

这种考试纪律约束，并没有限制学生携带参考书和算法源代码等资料，因此考核的并不是复杂的知识记忆能力，而是考核综合运用已知的编程技术和相关知识，针对具体问题如何分析问题并尽快地解决问题的能力。

但是，这种考试形式确实限制使用任何能与计算机发生直接关系的电子设备。这是一种公平性的体现，考试也是考速度，速度不但是以同时开始考试为前提，还应具有对编程同等的硬、软件环境和条件，如果允许添置各不相同的附加设备，就不能保证其公平性了。

5.3 实验成绩

实验或测试的成绩，与书面形式的考试不同，不能按做出题数的比例评分。例如，做出1道题得20分，做出5道题得100分。做出1道题的人与没有做出题的人，差距是巨大的。因为每套实验都有比较简单的题，如果1道题都没有做出，说明解决问题的基本方法还没有掌握，更可能连编程的整个操作过程都还没有掌握，可以通过提交次数和提交代码中发现其问题。做出1道题的人与做出多道题的人，是属于编程熟练程度与逻辑思维能力方面的差异，因此每做出1道题，其得分应按等比级数上升，即：

做出0题　　0~49分

做出1题　　50~60分，约为100×1/2

做出 2 题　　61~80 分，约为 100×3/4

做出 3 题　　81~90 分，约为 100×7/8

做出 4 题　　91~96 分，约为 100×15/16

做出 5 题　　97~100 分，约为 100×31/32

具体得分应根据实验时做出题数相同的人数及时间来排名，以及划分数线。值得一提的是，考题难易度的把握，决定了分数评定的难易度和考试质量分析的难易度。

第6章　样板实验

6.1　实验内容

本实验求整数区间内的素数个数。

❑ 时空限定

5s，32MB。

❑ 基本描述

对于若干整数对，统计其区间的素数个数。

❑ 输入描述

输入数据中含有若干整数对 n、m（$1<n\leqslant m<10^8$）。

❑ 输出描述

对于每一对整数 n、m，计算其闭区间的素数个数，每个计算结果单独列一行。

❑ 样本输入

```
3  9
45 97
17 81
```

❑ 样本输出

```
3
11
16
```

6.2　分析与试探

统计素数看似简单，但做法却千差万别。

在解读样本输入输出数据时发现题意比较容易理解，按照数学上对素数的定义，很快就能写出以下算法：

```
bool isPrime(int n);
int main()
{
  for(int n,m; cin>>n>>m; )
  {
    int num=0;
    for(int i=n; i<=m; ++i)   //对于区间中的每个数,判断其是否为素数
      if(isPrime(i)) num++;
    cout<<num<<"\n";
  }
}
```

❑ 原始版优化

对于原始的素数判断算法：

```
bool isPrime(int n)
{
  for(int i=2; i<n; ++i)
    if(n%i==0) return false;
  return true;
}
```

便有了统计素数的第一个原始版（oriPrime.cpp 代码略）。

因为在本实验的输入描述中，n 可能大到 10^8 数量级，所以要充分考虑优化。

（1）根据数学上的定论，如果一个数 n 为合数，则一定有一个因子不大于 n 的平方根。因此可以将循环次数从 n–2（2～n–1）压缩到 n 的平方根。

（2）2 是唯一的偶数素数，可以先判断 n 是否为 2，之后便可以再将循环次数压缩 1/2。因为步长可以从 1 调整为 2。

（3）在循环条件判断上，是使用 $i\leqslant\sqrt{n}$ 还是使用 $i\times i\leqslant n$，其性能上也有些差异。经过在 2～5000000 的若干数据段进行测试，证实后者性能稍好。读者可以自编测试程序，对其进行验证。

进行简单优化之后，其判断素数的代码如下：

```
bool isPrime(int n)
{
  if(n!=2 && n%2==0) return false;
  for(int i=3; i*i<=n; i+=2)  //特别当n=2时,不循环, 从而返回true
    if(n%i==0) return false;
  return true;
}
```

除此之外，区间值也可以排除偶数的情况，使得循环步长可以加大。即对于闭区间[a,b]来说，先判断 a 是否为 2 的倍数，若是，则 a 增 1，同时对计数器做调整。

优化前后的两个版本，其性能之差，在数据量上慢慢从 100、1000 变化到 100000，其耗时居然相差成百上千倍。数据越大，耗时相差越大。可见，优化会很大地改变程序的实用性。根据优化的代码，可以很快得到解题的原始优化版代码，并嵌入了时间测试：

```
//======================================
//oriOptPrime.cpp
//统计素数:原始优化版测试
//======================================
#include<fstream>
#include<iostream>
#include<ctime>
using namespace std;
//--------------------------------------
bool isPrime(int n){
  if(n%2==0) return false;
  for(int i=3; i*i<=n; i+=2)
    if(n%i==0) return false;
  return true;
}//-------------------------------------
int main(){
  double t = clock();
  ifstream cin("prime.txt");
  for(int a,b; cin>>a>>b; ){
    int num=0;
    if(a%2==0) num=(2==a++);
    for(int i=a; i<=b; i+=2)
      num += isPrime(i);
    cout<<num<<", "<<(clock()-t)/1000<<"\n";
  }
}//=====================================
```

在进行测试之前，为了解从简单到复杂的各数据段的运行性能，在文件 prime.txt 中放置以下测试数据：

```
2 100
2 1000
2 10000
2 100000
2 1000000
2 10000000
2 100000000
```

尽管在代码中对 a、b 的闭区间也做了步长从 1 到 2 的优化，但是运行结果还是无法理想到足够解决本题。在“命令提示符”窗口运行情况为：

```
F:\programming\>project1↙
25, 0
168, 0
```

```
1229, 0.01
9592, 0.1
78498, 2.224
^C
F:\programming>
```

该程序在运行过程中，对于 100 以内、1000 以内、10 000 以内、100 000 以内和 1 000 000 以内的素数判断，均能及时地进行回应，随着数值的增大，回应速度开始变慢，到了上千万的整数范围内，远超出运行 5 秒的要求。于是只好用“^C”（Ctrl+C）来结束等待，强制中断程序的运行。这时候，可以感觉到本问题对素数判断性能的要求，远比上述代码要高。

❑ 改良素数判断

事实上，本样板实验以至本部分的实验都对算法提出了性能要求，即有时间和空间上的限制。当分析到输入数据描述时，发现 n 和 m 都有可能是 1 亿这么大时，或许会意识到简单地写出来的算法虽然能通过样本数据的检验，但不一定能通过测试数据的考验。因此应把主要精力放在寻求一个判断素数非常快捷的算法上。

如果你对判断一个可能上亿的整数是否为素数的过程所耗用的时间有感觉（起码上万次乘法除法操作），那么，你的经验会帮助你快速找到一条如何编程的路线；否则，你将在测试上耗费大量的时间。每一次测试也许都很辛苦，有时需要编好几个辅助程序，修改好几十次，但是这都是在缩短你与高手的距离，因为调试和思考过程中的大量经验都一点不漏地被你所获取。也许你甚至根本不会理睬上面的代码方法，而立即思考如何用另外的方法。

根据素数的数学描述，假如 n 是素数，任何除了 1 之外的小于 n 的整数都不能整除 n。也可以看作任何小于 n 平方根的素数都不能整除 n，上面我们已经为此进行过优化。因此，可以通过 10 以内的素数（而不是 10 以内的整数）来判断 100 以内的整数是否为素数，从而构造 100 以内的素数表；有了 100 以内的素数表，进而可以判断和构造 10000 以内的素数表；有了 10000 以内的素数表，便可以对所有 10^8（10000^2）以内的整数进行逐个素数的整除排查，此时无须建立素数表。这个素数判断算法至少应比上述代码好很多，因为在判断每一个素数时都仅对小于 n 的平方根的素数进行整除判断，而不是按 2 的步长进行试算。

从 10 以内的素数序列来构造 100 以内的素数序列，是将 11~100 的每个整数 n 进行是否为素数的判断，也就是逐个对 10 以内的素数序列进行试除，甚至不必全部用到 10 以内的所有素数，只要不大于 n 的平方根的素数就行，代码如下：

```
bool isPrime(int n, vector<int>& w)
{
  for(int i=0; w[i]*w[i]<=n; ++i)  //i为素数表下标
    if(n % w[i]==0) return false;
  return true;
}//------------------------
int main()
{
```

```
    vector<int> w(1229);                    //由前面看到,10000以内有1229个素数
    w[0]=2, w[1]=3, w[2]=5, w[3]=7;         //10以内的素数
    int j=4;
    for(int i=11; i<=100; ++i)              //创建100以内的素数表
      if(isPrime(i,w)) w[j++] = i;
    for(int i=101; i<10000; ++i)            //创建10000以内的素数表
      if(isPrime(i,w)) w[j++] = i;
    ⋮
}
```

代码中，存放素数表用的是向量，通过前面运行的测试数据，已经知道 10000 中有 1229 个素数。通过 10 的平方为 100，100 的平方为 10000，以前面小的素数表来构造后面的较大的素数表。同时为了提高性能，对该代码也进行如下优化。

（1）代码中的两个 for 循环可以合并为一个，i 从 11～10000 进行循环。

（2）将向量改为数组，大小固定为 1229，下标与上面一样，用一个变量 j（初值为 4，即整数 7 的下一个素数位置）进行动态调整。

（3）将数组放到全局数据区，去掉 isPrime 的数组参数，提高可读性。

这样优化之后，虽然从性能上改善不多，但至少代码更为简洁：

```
//=====================================
//tableOptPrime.cpp
//统计素数:素数表判断版
//=====================================
#include<fstream>
#include<iostream>
#include<ctime>
using namespace std;
//-------------------------------------
int w[1229] = {2,3,5,7};
//-------------------------------------
bool isPrime(int n){                          //素数判断过程
  for(int i=0; w[i]*w[i]<=n; ++i)
    if(n % w[i]==0) return false;
  return true;
}//-------------------------------------
int main(){
  double t=clock();
  for(int i=11,j=4; i<10000; i+=2)            //建立10000以内的素数表
    if(isPrime(i))
      w[j++]=i;

  ifstream cin("prime.txt");
  for(int a,b; cin>>a>>b; ){
    int num=(a==2 ? a++ -1 : 0);              //若a为2, 则num=1,a跳到3
    for(int i=a; i<=b; i+=2)                  //预处理num后, a为奇数,步长可为2
      if(w[m-1]*w[m-1]>i)
```

```
        num += isPrime(i);
    cout<<num<<" "<<(clock()-t)/1000<<"\n";
  }
}//====================================
```

上述代码基于这样的事实：有了 10000 以内的素数表，就可以对任意 10^8 以内的整数采用小于 n 的平方根的素数序列来整除测试，以判断是否为素数的方法。然而，运行的结果表明，该算法仍然不符合题目对性能的要求：

```
F:\programming>project1
25 0.01
168 0.01
1229 0.01
9592 0.06
78498 0.931
664579 18.536
^C
F:\programming>
```

该程序比上一程序在速度上提高将近 10 倍，如果整数值再大一点，速度还会提高得更多。可是在 1 千万以内的整数判断的运行过程中还是超出了题目对时间的要求，更不用说 1 亿以内的整数了。

❑ 建立大素数表的尝试

从题目中透露一个信息，需要判断是否为素数的整数量非常之大，以致采用效率相当高的素数判断过程 isPrime（最多只要做 1229 次整除和乘法就能肯定 1 亿以内的整数是否为素数）也无济于事。

于是，编程的目标就转移到先建立一个 1 亿以内的素数表，然后通过下标访问来判断素数的方法（☞主教材第 6.6.3 节）。还是要建立素数表，只要空间允许，这次建立的是一劳永逸的大素数表。

问题又回到了上面的程序没有彻底解决 10^8 以内的素数表这个问题。建立素数表的工作似乎将循环从 10 000 改为 100 000 000 才行，即：

```
int m=4;
for(int i=11; i<100000000; i+=2)  //建立100000000(10⁸即1亿)以内的素数表
  if(isPrime(i))
    w[m++]=i;
```

根据该素数表，后面对任何整数的素数判断就无须调用 isPrime，只是在生成素数的时候才调用 isPrime。后面只要直接查素数表就能知道其是否为素数了。主代码修改如下：

```
int w[5761455]={2,3,5,7};
//…
int m=4;
for(int i=11; i<100000000; i+=2)
```

```
  if(isPrime(i))
    w[m++]=i;

ifstream cin("prime.txt");
for(int a,b; cin>>a>>b; )
{
  int num=0,i=0;
  while(i<m && a<w[i]) ++i;                //定位a所在的素数表位置
  for(int j=i; j<m && w[j]<b; ++j)         //从a位置数到b位置
    num++;
}
```

注意：这时候的数组元素个数是 1 亿中的素数个数，从前面运行可以得到该数为 5761455。令人失望的是，建立素数表的工作太缓慢了，以致还没有等到输出任何区间的素数个数就超时了：

```
F:\programming>project1
^C
F:\programming>
```

只能愤然终止运行！

问题出在建立素数表的过程，毕竟有 1 个亿的整数，每个整数都要经历从最小素数开始的试除过程，这样的过程如果不能明显改进，就只能放弃解决本问题。

6.3 解决时空问题

在主教材第 6.6.3 节中介绍了另一种建立素数表的“筛法”实现。

筛法是说，在从 2 到某个区间内，通过过滤掉逐个出现的素数的倍数，标记非素数元素，以致需要统计该区间的素数个数时，直接循环统计其中有素数标记的元素个数即可。

但是对于 10^8 来说，存在下列实现上的困难。

（1）不管是在全局区域、局部区域还是动态区域（☞主教材第 5.3 节），都不能创建一个 10^8 个整数元素的数组，因为它会“吃掉”高达几十兆的内存，不符合题目的空间要求。可以考虑利用整数的位来标记是否为素数的状态。这样，一个整数有 32 位，一亿个整数的状态就只需 3 125 000 个整数。

（2）3 125 000 个整数元素在目前来说，还是超过了栈区域的空间要求，因此只能建立在全局区域或动态区域中。在操作上，因为动态区域还要做申请和释放操作，就取简单的全局区域来申请存放素数表的数组。为了争取一丁点的性能改进，还取消了用向量表达的方法，而采用位集（bitset）筛法。位集的操作性能几乎与直接操作整数中的位相当，于是便有下列两个版本。

位集筛法版本：

```
//=====================================
//bitsetSievePrime.cpp
//统计素数:位集筛法版
```

```
//=====================================
#include<fstream>
#include<iostream>
#include<bitset>
#include<ctime>
using namespace std;
//-------------------------------------
bitset<100000000> p;
void sieve(){                              //一次性建立素数表
  p.set();                                 //10⁸位全置1
  for(int i=4; i<100000000; i+=2)          //清除2的倍数位
    p.reset(i);
  for(int i=3; i<10000; i+=2)              //清除已是素数的倍数
    if(p.test(i))
      for(int j=i*i; j<p.size(); j+=i*2)
        p.reset(j);
}//-------------------------------------
int main(){
  double t=clock();
  sieve();
  ifstream cin("prime.txt");
  for(int a,b; cin>>a>>b; ){
    int num = 0;
    if(a%2==0) num=(2==a++);
    for(int i=a; i<=b; i+=2)               //累计有素数标记的个数
      num += p.test(i);
    cout<<num<<" "<<(clock()-t)/1000<<"\n";
  }
}//=====================================
```

其运行结果为：

```
F:\programming>project1
25 4.586
168 4.586
1229 4.586
9592 4.596
78498 4.596
664579 4.697
5761455 5.628

F:\programming>
```

采用数组的低级编程版（C筛法版）代码为：

```
//=====================================
//cSievePrime.cpp
//统计素数:C筛法版
//=====================================
```

```
#include<stdio.h>
#include<stdlib.h>
#include<string.h>
#include<time.h>
//-------------------------------------
unsigned int p[3125000];
//-------------------------------------
int count(int a, int b){
  int sum=0;
  for(int i=a; i<=b; i+=2)
    sum += !((p[i/32])>>(i%32)&1);        //第i位的状态值非0即1
  return sum;
}//-------------------------------------
void sieve(unsigned int* p){
  for(int i=4; i<100000000; i+=2)
    p[i/32] |= (1<<i%32);
  for(int i=3; i<10000; i+=2)
    if(!(p[i/32]>>(i%32)& 1))
      for(int j=i*i; j<100000000; j+=i*2)
        p[j/32] |= (1<<j%32);
}//-------------------------------------
int main(){
  clock_t start=clock();
  sieve(p);
  freopen("prime.txt","r",stdin);
  for(int a,b; scanf("%d %d",&a,&b)!=EOF; ){
    int num = (a==2? a++ - 1 : 0);
    num += count(a, b);
    printf("%d, %5.3f\n",num,(clock()-start)/CLK_TCK);
  }
}//=====================================
```

需要注意的是，两个版本的代码在其存放素数表的数组或位集中，标记素数的值正好相反。在C筛法版中，标记素数为0；在位集筛法中，标记素数为1。在C筛法版中，所用的代码基本上是C的代码，包括输入输出。这样做的目的是尽最大的可能争取点滴的性能改进（☞主教材第6.7.2节）。

其运行结果为：

```
F:\programming>project1
25, 4.626
168, 4.626
1229, 4.626
9592, 4.626
78498, 4.636
664579, 4.727
5761455, 5.608

F:\programming>
```

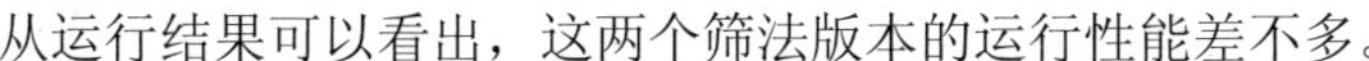

从运行结果可以看出，这两个筛法版本的运行性能差不多。

从筛法加上空间压缩，算法性能提高了很多，根据自己设计的测试数据 prime.txt，其结果能够在规定时间内理想地运行。可以看到，几组测试数据的运行时间间隔相差很小。

但是，如果你看到后面的测试数据是怎样生成的（☞第 6.5 节），即含有 10000 个整数区间，那么该程序依然算不上潇洒。

6.4 提高搜索速度

素数筛法已经预置了为了加快素数判断的数据存储，这是一种能很好提高性能的手段。但是，对于每个[n, m]区间，代码中还得从 n 循环到 m 以统计素数的个数，根据 n 和 m 的区间范围，这个统计计算量便忽大忽小。

我们在编程中总是强调，当运行对数据的取值大小不很敏感时（不会因为取值大而运行耗时长、取值小而运行耗时短），该算法是有效的。但是上述代码还做不到这一点，当有许多数据或区间范围很大时，运算时间就会加长，直到超时。问题出在对区间[n, m]统计素数个数的处理速度上。

如果有一张素数表，每个素数上都有一个 1 到该素数值的素数个数，即：

```
素数: 2  3  5  7  11 13 17 23 29 31 37 41 43 47 53 59 61 67 71 73 …
个数: 1  2  3  4  5   6  7  8  9 10 11 12 13 14 15 16 17 18 19 20 …
```

那么处理 [n, m] 区间的素数个数时，只要找到与 n 和 m 相应的素数位置（例如，n 为 6，m 为 43，则 6 之前有 3 个素数，43 之前有 13 个素数；于是，[6, 43]区间中的素数个数为“13–3=10”），就可以通过位置值的减法操作（无须循环）获得区间的素数个数了，因为个数的值正好就是该表（容器）的下标。

现在依赖筛法获得大素数表，应该没有问题了，代码如下：

```
int q[5761456]={0,2};
bitset<100000000> p;

int main(){
  p.set();
  for(int i=4; i<100000000; i+=2)
    p.reset(i);
  for(int i=3; i<10000; i+=2)
    if(p.test(i))
      for(int j=i*i; j<100000000; j+=i*2)         //完成素数标记
        p.reset(j);
  for(int i=3,num=2; i<100000000; i+=2)           //建立大素数表
    if(p.test(i)) q[num++]=i;
  // …
}
```

该素数表中下标为 0 的元素值是无意义的，目的是对应元素值（素数）和下标位置表示不大于该素数的素数个数。建立素数表的工作无须做任何乘除法，只需要 1 亿次的下标访问，因此大素数表已经没有问题。

然而要用这种方法还必须受到查找n与m位置所耗时间的制约。本来在采用了筛法之后的素数容器中，定位n和m是通过下标访问实现的，几乎是瞬间完成，而现在在另一张素数表中，定位n和m却需要一个过程去寻找n与m的位置，何况n和m并不一定是素数，还有一个"接近"查找的问题。

在查找方法中一个普通的方法是顺序查找法，即对于素数表a，其查找n位置的算法为：

```
int find(int n)
{
  for(int i=0; i<100000000; ++i)
    if(a[i]>n)  return i-1;
}
```

但是，一看循环的规模就知道这个算法的性能是不理想的。

有一种二分搜索法是比较理想的查找算法，它的前提是容器中的元素按大小有序排序。而这正是素数表的特征，所以可以采用二分搜索法来确定n、m的位置。可惜，标准库中的二分搜索算法lower_bound用不上，因为它返回找到的元素位置，如果找不到，则返回空值。而这里的搜索却是要找不大于该整数又最接近该整数的第1个数。于是只能通过自己设计二分搜索法，代码如下：

```
int myFind(int n){
  int a=0;
  for(int b=5761455, i=2880727; a!=b; i=(a+b)/2)
    if(q[i]==n) return i;
    else if(q[i]<n) a=i+1;
    else if(i==a) return i;
    else b=i-1;
  return (q[a]>n ? a-1:a);
}
```

二分搜索法的思想为，总是取[a, b]区间的中间下标i对应的元素值与n比较：

若中间下标i和n相等，则立即返回所找到的下标值（即为不大于n的素数个数）；

若中间下标i的元素值小于n，说明应该在[i, b]中找n；

若中间下标i的元素值大于n，则由于i值总是(a+b)/2取整，偏向a；因此，还需要判断是否是a，若是a，则认为找到了该素数个数，因为它符合最接近的第1个数的要求，否则就到[a, i]中找n。

这是一个最多只有log(b–a)次的循环，当b==a时，退出循环，从而判断返回a还是a–1。

二分搜索的循环次数较顺序查找法少，特别是在区间很大时，效率很高。其调用该算法的代码如下：

```
freopen("prime.txt","r",stdin);
for(int a,b; scanf("%d %d", &a, &b)!=EOF; )
  printf("%d\n", myFind(b)-myFind(a-1));
```

注意：这里创建了数据输入文件prime.txt，创建的方法比较别致，它与文件流对应标准输入流名相像，只是与标准输入设备stdin对应，只要去掉该语句，则后面一切输入语句仍然有效，只不过改为与标准输入设备打交道。这样设计的好处是，可以随时将该语句注释掉，以使程序轻松地在调试版与提交版之间切换。

有了 myFind 的二分搜索算法，只要做“myFind(b)–myFind(a–1)”（两次二分搜索法操作）次即可求得。在提交运行后，终于得到“AC”。

6.5 测试数据生成

从实验内容的描述中可以看到，输入数据含有若干整数对，虽然对整数的取值范围进行了说明，但并没有对数据量进行界定。因此，对程序代码的运行要求来说，不可以对某些整数对的取值运行性能好一些，而对另一些整数对的取值运行性能则差一些。

事实上，从整数对的范围描述（$1<n\leqslant m<10^8$），n 可以是[2, 10^8]中的任意随机整数，m 可以是[n, 10^8]中的任意随机整数。即：

```
int n = random(100000000-3)+2;   //2~99 999 999
int m = random(100000000-n)+n;   //n~99 999 999
```

random(a) 表示取 0～(a–1) 的随机整数。该随机函数在 cstdlib 中说明，于是得到一种创建测试数据的程序代码为：

```
//=====================================
//sampleGene.cpp
//统计素数个数_数据生成
//=====================================
#include<fstream>
#include<cstdlib>
using namespace std;
//-------------------------------------
int main(){
  ofstream cout("prime.txt");
  for(int i=1; i<=10000; ++i){
    int n = random(10000000) + 2;       //2~10000001
    int m = random(100000000 - n) + n;  //满足1 < n ≤ m < 10^8
    cout<<n<<" "<<m<<"\n";
  }
}//=====================================
```

其中 n 的值取小一些（因为 10 000 001<99 999 999），便使 m 值与其分离的空间大一些，导致区间[n, m]大一些，于是可能会增加运算量，使程序代码在性能要求上更增加了难度。

总共有 10000 个整数对，所以如果想象到数据可能会这样，便无论如何也要让处理每一个整数对的速度尽可能快。这就是为什么上述算法设计中，采用筛法加上空间压缩，筛出所有该范围的素数还不满足，还要继续寻找在[n,m]区间内搜索素数个数的更快方法的原因。

问题的难度往往因为测试数据的复杂程度而加大，测试数据的复杂性一般是从实验或竞赛的级别以及对输入数据的描述中分析发现的。

第7章 实验内容

7.1 第一套实验

7.1.1 列出完数

❑ 基本描述

请从1到某个整数的范围中打印出所有的完数。

在自然数中，完数寥若晨星。所谓“完数”是指一个数恰好等于它的所有不同因子之和（不包括它自身）。例如，6是完数，因为6=1+2+3。而24不是完数，因为24≠1+2+3+4+6+8+12=36。

❑ 输入描述

输入数据中含有一些整数n（1<n<10000）。

❑ 输出描述

对于每个整数n，输出所有不大于n的完数。每个整数n的输出由n引导，加上冒号，然后是由空格分隔的一个个完数，每个n的完数列表应占独立的一行。

❑ 样本输入

```
100
5000
```

❑ 样本输出

```
100: 6 28
5000: 6 28 496
```

7.1.2 12!配对

❑ 基本描述

找出输入数据中所有两两相乘的积为12!的个数。

❑ 输入描述

输入数据中含有一些整数 n（1≤n<2^{32}）。

❑ 输出描述

输出所有两两相乘的积为 12!的个数，每个数最多只能配对一次。

❑ 样本输入

```
1 10000 159667200 9696 38373635
1000000 479001600 3
```

❑ 样本输出

```
2
```

7.1.3 整数的因子数

❑ 基本描述

找出整数 n 的所有因子数。

一个整数 n 的因子数为包含自身的所有因子的个数。例如，12 的因子数为 6（1，2，3，4，6，12）。

❑ 输入描述

输入数据中含有一些整数 n（1≤n<2^{32}）。

❑ 输出描述

对于每个整数 n，列出其所有因子数，每个 n 加上冒号单独列一行。

❑ 样本输入

```
11 22 33 24
```

❑ 样本输出

```
11: 2
22: 4
33: 4
24: 8
```

7.1.4 浮点数的位码

❑ 基本描述

长双精度型是 C++语言内部表达能力最强的数据类型。研究其内部的位码也是很有趣的。针对每个长双精度数，输出其位码。

❑ 输入描述

输入数据中含有一些浮点数 n（$-3.4\times10^{4932}<n<1.1\times10^{4932}$）。

❑ 输出描述

对于每个浮点数 n，列出其位码，每个位码 8 位一组，中间用逗号隔开，每五组成一行，每个位码列成两行，位码之间空出一行，见样本输出。

❑ 样本输入

```
15.6756
12345.67891023456
```

❑ 样本输出

```
00000000,01110000,11010111,00010010,11110010
01000001,11001111,11111010,00000010,01000000

00000000,01101000,10011001,00111110,00110100
10110111,11100110,11000000,00001100,01000000
```

7.1.5 对称素数

❑ 基本描述

所谓“对称素数”是指各位数字的排列以中间数为对称的素数。例如，101 是对称素数。统计输入的整数中有多少个对称素数。

❑ 输入描述

输入数据中含有一些随机整数 n（$1<n<10^8$）。

❑ 输出描述

统计一共读入了多少个对称素数，并予以输出。

❑ 样本输入

```
15
11 313
```

❑ 样本输出

```
2
```

7.2 第二套实验

7.2.1 密钥加密

❑ 基本描述

密钥加密是将密钥数字串值循环加到明文（需要加密的文字串）上，使得明文变形而不可阅读，变形后的文字串称为密文。

例如，密钥为“4972863”，明文为“the result of 3 and 2 is not 8”，则循环加密的过程及结果为：

明 文	t	h	e		r	e	s	u	l	t		o	f		3		a	n	d		2		i	s		n	o	t		8
ASCII 码值	116	104	101	32	114	101	115	117	108	116	32	111	102	32	51	32	97	110	100	32	50	32	105	115	32	110	111	116	32	56
+循环值	4	9	7	2	8	6	3	4	9	7	2	8	6	3	4	9	7	2	8	6	3	4	9	7	2	8	6	3	4	9
ASCII 码值	120	113	108	34	122	107	118	121	117	**32**	34	119	108	35	55	41	104	112	108	38	53	36	114	122	34	118	117	119	36	65
密 文	x	q	l	"	z	k	v	y	u		"	w	l	#	7	)	h	p	l	&	5	$	r	z	"	v	u	w	$	A

即密文为：

```
xql"zkvyu "wl#7)hpl&5$rz"vuw$A
```

这里的密钥加密是循环加密，并且在 ASCII 码值 32(' ')～122('z')做模运算，超过 122 的值便依次回跳到 32、33 等值。例如，'t'+7=116+7=123=122+1，其值超过 122 一个位置，因此回跳到值 32。显然，密文也全部是由可见字符所组成的。

❑ 输入描述

输入数据中含有若干组数据，每组数据由密钥和明文组成，密钥和明文均单独占一行。每组数据之间没有空行。

❑ 输出描述

对于每组数据对应输出一行密文。

❑ 样本输入

```
4972863
the result of 3 and 2 is not 8
123
Hello World
```

❑ 样本输出

```
xql"zkvyu "wl#7)hpl&5$rz"vuw$A
Igomq#Xqumf
```

7.2.2 密钥解密

❑ 基本描述

密钥解密是在同一密钥加密的基础上进行解密，也可以看作加密的反操作。解密是将密文的对应位循环减去密钥数字串值，使得密文变形显露为明文。

例如，用同一密钥“4972863”对密文

```
xql"zkvyu "wl#7)hpl&5$rz"vuw$A
```

进行解密：

密 文	x	q	l	"	z	k	v	y	u		"	w	l	#	7	)	h	p	l	&	5	$	r	z	"	v	u	w	$	A
ASCII 码值	120	113	108	34	122	107	118	121	117	32	34	119	108	35	55	41	104	112	108	38	53	36	114	122	34	118	117	119	36	65
-循环值	4	9	7	2	8	6	3	4	9	7	2	8	6	3	4	9	7	2	8	6	3	4	9	7	2	8	6	3	4	9
ASCII 码值	116	104	101	32	114	101	115	117	108	**116**	32	111	102	32	51	32	97	110	100	32	50	32	105	115	32	110	111	116	32	56
明 文	t	h	e		r	e	s	u	l	t		o	f		3		a	n	d		2		i	s		n	o	t		8

即得到明文：

```
the result of 3 and 2 is not 8
```

密钥解密也是循环解密，并且在 ASCII 码值 32(' ')～122('z')做模运算，小于 32 的值，便依次跳到 122、121 等值。例如，32–7 的值为 25，位于 32 左面的第 7 个位置，应该分布到 122 开始向左的第 7 个位置上，因此 32–7 变成了 122–6=116，即't'。

❑ 输入描述

输入数据中含有若干组数据，每组数据由密钥和密文组成，密钥和密文均单独占一行。每组数据之间没有空行。

❑ 输出描述

对于每个数据组对应输出一行明文。

❑ 样本输入

```
4972863
xql"zkvyu "wl#7)hpl"5$rx"vuw$A
123
Igomq#Xqumf
```

❑ 样本输出

```
the result of 3 and 2 is not 8
Hello World
```

7.2.3 01 串排序

❑ 基本描述

将 01 串首先按长度排序，长度相同时，按 1 的个数多少进行排序，1 的个数相同时再按 ASCII 码值排序。

❑ 输入描述

输入数据中含有一些 01 串，01 串的长度不大于 256 个字符。

❑ 输出描述

重新排列 01 串的顺序，使得 01 串按基本描述的方式排序。

❑ 样本输入

```
10011111
00001101
1010101
1
0
1100
```

❑ 样本输出

```
0
1
1100
1010101
00001101
10011111
```

7.2.4 按绩点排名

❑ 基本描述

有一些班级的学生需要按绩点计算并排名。

每门课程的成绩只有在 60 分（含以上）才予以计算绩点。课程绩点的计算公式为：

$$课程绩点 = (课程成绩 - 50) \div 10 \times 学分数$$

一个学生的总绩点为其所有课程绩点总和除以 10。

❑ 输入描述

输入数据中含有一些班级（班级数≤20）。

每个班级的第 1 行数据为 n 和 $a_1, a_2, a_3,\cdots, a_n$（n≤10），表示该班级共有 n 门课程，且各门课程的学分分别为 $a_1, a_2, a_3,\cdots, a_n$。

班级数据中的第 2 行数据为一个整数 m（m≤50），表示本班级有 m 个学生。

班级数据接下去有 m 行，对应 m 个学生数据。

每行学生数据中的第 1 个为字符串 s1（s1 中间没有空格），表示学生姓名，后面跟有 n 个整数 $s_1, s_2, s_3,\cdots, s_n$，表示该学生各门课程的成绩（$0\leqslant s_i\leqslant 100$）。

❑ 输出描述

以班级为单位输出各学生按绩点从大到小的排名。如果绩点相同，则按学生名字的 ASCII 串值从小到大排序。

每个班级的排名输出之前应先给出一行描述班级序号“class #:”(#表示班级序号)，班级之间应空出一行。

排名时，每个学生占一行，列出名字和总绩点。学生输出宽度为 10 个字符，左对齐，在空出一格后列出总绩点，绩点按定点数保留两位小数。

❑ 样本输入

```
1
3 3 4 3
3
张三   89 62 71
smith 98 50 80
王五   67 88 91
```

❑ 样本输出

```
class 1:
王五        3.26
smith      2.34
张三        2.28
```

7.2.5 去掉双斜杠注释

❑ 基本描述

将 C++程序代码中的双斜杠注释去掉。

❑ 输入描述

输入数据中含有一些符合 C++语法的代码行。需要说明的是，为了方便编程，规定双斜杠注释内容不含有双引号。

❑ 输出描述

输出不含有双斜杠注释的 C++代码，除了注释代码之外，原语句行格式不变，行尾不应有空格。

□ 样本输入

```
//=======================
// simplest program
//=======================
#include<iostream>
using namespace std;
//-----------------------
int main(){
  cout<<"hello world!\n";
}//----------------------
```

□ 样本输出

```
#include<iostream>
using namespace std;
int main(){
  cout<<"hello world!\n";
}
```

7.3 第三套实验

7.3.1 n!的位数

□ 基本描述

针对每个非负整数 n，计算 n!的位数。

□ 输入描述

输入数据中含有一些整数 n（$0 \leqslant n < 10^7$）。

□ 输出描述

根据每个整数 n，输出 n!的位数，每个数单独占一行。

□ 样本输入

```
5
6
```

□ 样本输出

```
3
3
```

7.3.2　排列对称串

□ 基本描述

一些字符串中，有些是对称的，有些是不对称的。请将那些对称的字符串按从小到大的顺序输出。字符串先以长度论大小，如果长度相同，再以 ASCII 码值大小为标准。

□ 输入描述

输入数据中含有一些字符串（1≤串长≤256）。

□ 输出描述

根据每个字符串输出对称的字符串，并且要求按从小到大的顺序输出。

□ 样本输入

```
123321
123454321
123
321
sdfsdfd
121212
\\dd\\
```

□ 样本输出

```
123321
\\dd\\
123454321
```

7.3.3　勒让德多项式表

□ 基本描述

数学 poly 函数的展开式也称为关于 x 的 n 阶勒让德多项式，它的递推公式为：

$$\mathrm{poly}_n(x)=\begin{cases}1, & n=0\\ x, & n=1\\ ((2n-1)\times x\times \mathrm{poly}_{n-1}(x)-(n-1)\times \mathrm{poly}_{n-2}(x))/n, & n>1\end{cases}$$

给定 x，计算 n 阶勒让德多项式的值。

□ 输入描述

输入数据中含有一些浮点数 x（0<x<1）。

❑ 输出描述

对于每个浮点数 x，分别计算二阶、三阶、四阶、五阶、六阶的勒让德多项式的值，其每个值的精度为 6 位小数。输出时，先列出 x 的值，保留 3 位小数精度，然后每输出一个阶值之前，都空 2 格，由此一字排开，形成一张多项式表，见样本输出格式，其中标题行上的字母 p 对准下列的小数点位置。

❑ 样本输入

```
0.2 0.3 0.35
```

❑ 样本输出

```
  x      p2(x)      p3(x)      p4(x)      p5(x)      p6(x)
0.200  -0.440000  -0.280000   0.232000   0.307520  -0.080576
0.300  -0.365000  -0.382500   0.072938   0.345386   0.129181
0.350  -0.316250  -0.417812  -0.018723   0.322455   0.222511
```

7.3.4 立方数与连续奇数和

❑ 基本描述

一个整数的立方数可以表示为连续奇数的和，例如：

$$3^3 = 7+9+11$$

$$4^3 = 13+15+17+19$$

针对每个正整数 n，输出表示其立方数的连续奇数和。

❑ 输入描述

输入数据中含有一些正整数 n（1≤n≤100）。

❑ 输出描述

根据每个正整数 n 输出其值等于 n^3 的连续奇数和，格式见样本输出，每个表达式输出完成后应有回车符。

❑ 样本输入

```
3 4 8
```

❑ 样本输出

```
3^3=7+9+11
4^3=13+15+17+19
8^3=57+59+61+63+65+67+69+71
```

7.3.5 斐波那契数

□ 基本描述

已知斐波那契数的定义：

$$\begin{cases} f(0)=0 \\ f(1)=1 \\ f(n)=f(n-1)+f(n-2), \qquad n>1\text{，整数} \end{cases}$$

根据输入数据中的n，输出第n项斐波那契数。

□ 输入描述

输入数据中含有一些整数n（0≤n≤46）。

□ 输出描述

根据每个整数n输出其第n项斐波那契数，每个数单独占一行。

□ 样本输入

```
5
6
7
8
9
40
```

□ 样本输出

```
5
8
13
21
34
102334155
```

7.4 第四套实验

7.4.1 简单四则运算

□ 基本描述

给定一些没有括号的四则运算表达式，求其结果。

❑ 输入描述

输入数据中含有一些表达式（数量≤1000，长度按含有的运算计，运算符个数≤30），表达式的运算符只含有加、减、乘、除。表达式中每个数的精度范围在 double 型内，表达式中没有任何其他运算符和括号。

❑ 输出描述

对每个表达式计算其结果。按科学记数法输出，精度按 6 位小数，每个结果应单独占一行。如果表达式发生除 0 的情况，则对该表达式输出 DivByZero。

❑ 样本输入

```
3+5.0
6-2*7
6-2/0
3+5*6+1
3+5+1*7
1+2-3*4+5/6-4*3*2*1*1+2+3+4+5
```

❑ 样本输出

```
8.000000e+00
-8.000000e+00
DivByZero
3.400000e+01
1.500000e+01
-1.816667e+01
```

7.4.2 大数加

❑ 基本描述

给定一些大数，计算求和。

❑ 输入描述

输入数据中含有一些数据组（数量≤100），每组数据由一个整数 n（n≤100）领衔，后跟 n 个大整数（0≤大数，大数位数≤200），若 n=0 则表示输入结束。

❑ 输出描述

输出每组数据所计算的大数之和，每个结果单独占一行。

❑ 样本输入

```
5
```

```
123456789
6287999980
5645645654654
5
79
0
```

❑ 样本输出

```
5652057111507
```

7.4.3 大数（含负数）和

❑ 基本描述

给定一些大数，有正有负，请计算求和。

❑ 输入描述

输入数据中含有一些数据组（数量≤100），每组数据由一个整数 n（n≤100）领衔，后跟 n 个大数（大数位数≤200），若 n=0 则表示输入结束。

❑ 输出描述

输出每组数据所计算的大数之和，每个结果单独占一行。

❑ 样本输入

```
2
123123123123123123123123123123
-2
2
43242342342342
-1234567654321
0
```

❑ 样本输出

```
123123123123123123123123123121
42007774688021
```

7.4.4 求彼此距离最近的两点

❑ 基本描述

给定一些平面上的点，求出彼此距离最近的两点。

❑ 输入描述

输入数据中含有一些数据组（数量≤100），每组数据由一个整数 n（2≤n≤102）领衔，后跟 n 个平面直角坐标点(x，y)，x 与 y 分别是区间[–10000，10000]的整数。若 n=0 则表示输入结束。

❑ 输出描述

每组数据都有彼此距离最近的坐标点。输出所有彼此距离最近的两点坐标，坐标按从小到大的顺序输出，并用括号括起来，两个坐标点之间空一格；若有多对最短距离点，则换行输出，上下坐标点按从小到大的顺序输出。每组数据的结果之间空一行。

所谓坐标点从小到大，即先按 x 值的大小，再按 y 值的大小依序排列。

❑ 样本输入

```
4
1 2
0 0
3 6
7 2
3
1 3
3 1
0 0
11
1 2
2 3
3 5
7 5
9 6
9 7
10 8
1 9
9 1
10 11
10 12
0
```

❑ 样本输出

```
(0,0) (1,2)

(1,3) (3,1)

(9,6) (9,7)
(10,11) (10,12)
```

7.4.5 离直线最近的点

❑ 基本描述

给定一条直线和一些与直线在同一平面上的点，求出离直线距离最近的点。

❑ 输入描述

输入数据中含有一些数据组（数量≤100），每组数据的第1行为1个整数n（1≤n≤100），表示本组数据中将有n个坐标点，若n为0则表示输入结束。第2行为4个整数（依次为x1、y1、x2、y2），表示确定一条直线的两个坐标点，紧接着有n对整数x、y，且x与y在区间[–10000，10000]内，表示n个坐标点。

输出描述

每组数据中都有距直线最近的坐标点，输出其x和y坐标；若满足条件的坐标点不止一个，则换行继续输出，并按坐标点从小到大的顺序输出，每组数据之间应空一行。

❑ 样本输入

```
4
1 2 3 4
3 8
10 10
7 2
900 1
0
```

样本输出

```
10 10
```

7.5 第五套实验

7.5.1 大数乘

❑ 基本描述

给定一些大数，计算其积。

❑ 输入描述

输入数据中含有一些整数对（对数≤1000），若某个整数对（整数位数≤200）的值为0 0，则表示输入结束。

❑ 输出描述

每个整数对对应一个乘法计算结果，并输出该结果，结果输出后应有回车符。

❑ 样本输入

```
2 3
12 34
0 0
```

❑ 样本输出

```
6
408
```

7.5.2 n!中的0

❑ 基本描述

贝贝很想搞清n!中到底有几个0，但是计算n!已经很不容易，有很多很多位，算得头都晕了！再开始数 0 的个数，怎么也数不清。如果这件事情由计算机完成，应该是比较容易做到的，请你帮助贝贝解决这个难题吧。

❑ 输入描述

输入数据中包含一些整数（整数<1000)。

❑ 输出描述

输出每个整数的阶乘中0的个数，每个结果输出后应有回车符。

❑ 样本输入

```
3
8
9
10
```

❑ 样本输出

```
0
2
1
2
```

7.5.3 整数模

❑ 基本描述

a除以m的余数称为a对于m的模。求a^p对于m的模。

❑ 输入描述

输入数据中含有一些数据组，每个数据组单独占一行，包括 a、p、m（a 和 p 处于区间 $(0, 2^{32})$ 内，$1 \leqslant m < 2^{16}$）3 个整数，若 3 个整数都为 0，则表示输入结束。

❑ 输出描述

针对每组数据，输出 a 的 p 次幂对于 m 的模，每个结果单独占一行。

❑ 样本输入

```
3 18132 17
0 0 0
```

❑ 样本输出

```
13
```

7.5.4 k 个胜利者

❑ 基本描述

n 个小孩围成一圈做游戏，游戏将决出若干胜利者。

假定一个数 m，从第 1 个小孩起，顺时针数数，每数到第 m 个小孩时，则该小孩离开。接着从下一个小孩开始数数，数到第 m 个小孩时，则该小孩也离开。以此类推，最后剩下的 k 个小孩便是胜利者。对于一定的 n、m、k，究竟胜利者是哪些呢？

❑ 输入描述

输入数据中含有一些数据组，组数由第 1 行的一个整数 p 说明，每组数据含有整数 n、m、k，且都位于区间[1, 50]内，分别表示小孩数量、游戏中每次数数的个数和最后剩下的 k 个胜利者。

❑ 输出描述

对于每组数据，按从小到大的顺序输出一列获胜小孩的位置。每组获胜序列之间应有回车符。

❑ 样本输入

```
1
10 3 3
```

❑ 样本输出

```
4 5 10
```

7.5.5 表达式个数

❑ 基本描述

1～N 的序列：

```
1 2 3 4 5 … N
```

每两个数之间插入操作符+或–，求其结果恰为 M 的不同表达式个数。例如，N 为 7，M 为 0，则有：

```
1 + 2 - 3 + 4 - 5 - 6 + 7 = 0
1 + 2 - 3 - 4 + 5 + 6 - 7 = 0
1 - 2 + 3 + 4 - 5 + 6 - 7 = 0
1 - 2 - 3 - 4 - 5 + 6 + 7 = 0
```

所以 N、M 分别为 7 和 0 时，共有 4 种不同表达式。

❑ 输入描述

输入中有若干行数据。每行中包含两个整数 N（1≤N≤13），M（0≤M≤N(N+1)/2）。M 表示在 1～N 的各个间隙使用操作符+或–，所构成表达式的计算值。

❑ 输出描述

对每个 N 和 M，输出能够构成的表达式个数。如果没有，则应输出 NO，每个输出结果单独占一行。

❑ 样本输入

```
7 0
3 2
2 1
```

❑ 样本输出

```
4
1
NO
```

7.6 阶段测验

参考测验时间：200 分钟。

7.6.1 半数跳海

❑ 基本描述

在类似人类生存的另一个星球上，由于气候的关系，每过一年，人们就要从东方向西

方迁徙，再过一年，就又要从西方回到东方，年复一年。而迁徙就必须渡海，渡海就必须过一个鬼门关。鬼门关不管船的贵贱，只放行船上人数的一半，另一半则必须跳海以结束生命。跳海的人数一定不能少于船上人数的一半。

每条船上有一个法师，他负责监管一种筛选规则，让人们围成一个圈，每数到一个“天数”，则数到“天数”的人就得跳海，然后继续绕着圈子数“天数”，以此类推，直到鬼门关所要的半数。因此，每逢迁徙便有大批的人要贿赂法师，希望自己幸免过关，而没钱的人则听天由命。法师确实掌握着每个人的命运，但他有自己的办事原则，他暗中替天行道，每到过鬼门关的时候，就乘机将那些罪大恶极且不配继续做人的人过滤掉。他所收受的贿赂则用来资助那些幸存下来的人们生活。

法师是怎么替天行道的呢？原来，他将一些坏人安排在某些位置，使他们数到“天数”，不得不跳。那么那些位置究竟是怎么分布的呢？请用地球人当今的编程技术揭示这一秘密吧。

❑ 输入描述

有多少条船（≤5000）就有多少个整数对，整数对中第1个数是一条船上的人数（≤50），第2个数是“天数”（1≤“天数”≤人数）。

❑ 输出描述

对于每组整数，按跳海顺序输出半数不幸的位置，中间以空格隔开。每条船列出跳海的全部位置后，另起一行。

❑ 样本输入

```
10 3
20 7
5  2
```

❑ 样本输出

```
3 6 9 2 7
7 14 1 9 17 5 15 4 16 8
2 4 1
```

7.6.2　01串的位值

❑ 基本描述

有一个无穷数列，其通项表示为：

$$a_k=10^k,\quad k=0,1,2,\cdots$$

构成数列1，10，100，1000，…，把它们连起来则形成数串110100100010000…。

如何知道这数串的第i位到底是0还是1？有数学天赋的人可能思考起来会比较容易，但现在是编写程序，既要正确，又要满足性能。

❑ 输入描述

输入的数据含有一些整数，每个整数 n（$0<n<2^{31}$）表示数串的位置。

❑ 输出描述

对于每个 n，输出该数串第 n 位上的值，即 1 或 0。每个 1 或 0 占一行。

❑ 样本输入

```
4 3 14 7 6
```

❑ 样本输出

```
1
0
0
1
0
```

7.6.3 勘探油田

❑ 基本描述

某石油勘探公司正在按计划勘探地下油田资源，工作在一片长方形的地域中。他们首先将该地域划分为许多小正方形区域，然后使用探测设备分别探测每块小正方形区域是否有油。若在一块小正方形区域中探测到有油则标记为@，否则标记为*。如果两个相邻区域都为@，那么它们同属于一条石油带。一条石油带可能包含很多小正方形区域，而你的任务是要确定在一片长方形地域中有多少条石油带。

相邻是指两个小正方形区域上下、左右、左上右下或左下右上同为@。

❑ 输入描述

输入的数据将包含一些长方形地域数据，每个地域数据的第 1 行有两个正整数 m 和 n，表示该地域由 m×n 个小正方形组成，如果 m 为 0 则表示所有输入到此结束。否则，后面 m（1≤m≤100）行数据，每行有 n（1≤n≤100）个字符，每个字符为@或*，表示有油或无油。每个长方形地域中，@的个数不会超过 100。

❑ 输出描述

对每个长方形地域，输出石油带的条数，每条石油带值占独立的一行。石油带值不会超过 100。

❑ 样本输入

```
1 1
*
```

```
3 5
*@*@*
**@**
*@*@*
1 8
@@****@*
5 5
****@
*@**@
*@**@
@@@*@
@@**@
0 0
```

❑ 样本输出

```
0
1
2
2
```

7.6.4 另类二进制数

❑ 基本描述

当用十进制数表达二进制数的时候，使用如下的实例转换：

$$\begin{aligned}10011_2&=1\times2^4+0\times2^3+0\times2^2+1\times2^1+1\times2^0\\&=16+0+0+2+1\\&=19\end{aligned}$$

可是，有一种另类的二进制数，虽然也是逢 2 进位，但其允许各数位上其中有一个可以是 2，其成数的规则暂且不论，它到十进制数的转换以如下的实例说明：

$$\begin{aligned}10120_{2'}&=1\times(2^5-1)+0\times(2^4-1)+1\times(2^3-1)+2\times(2^2-1)+0\times(2^1-1)\\&=31+0+7+6+0\\&=44\end{aligned}$$

该另类二进制数的前 10 个数为 0，1，2，10，11，12，20，100，101，102，显然与三进制数不同，它的增 1 操作是以先消去存在的 2 为前提的，即将 2 变成 0，而直接进位。若所有的位都是 0 或 1，它才从个位开始增值。因此，这种数的操作优点是，加 1 时最多只有一次进位，因而在某些应用上很有用。

你的任务是编程将另类二进制数转换成十进制数。

❑ 输入描述

输入的数据中有一些行，每行中有一个数，若为 0，则表示输入结束，否则表示非负的另类二进制数。

❑ 输出描述

对于每个另类二进制数，输出其等价的十进制数，其十进制数最大不超过 $2^{31}-1$。

❑ 样本输入

```
10120
200000000000000000000000000000
10
1000000000000000000000000000000
11
100
11111000001110000101101102000
0
```

❑ 样本输出

```
44
2147483646
3
2147483647
4
7
1041110737
```

7.6.5 不甘井底的蜗牛

❑ 基本描述

一只蜗牛想从 6 尺深的井底爬出来。白天它最多只能爬 3 尺高，夜里它又会下滑 1 尺。可怜的是，蜗牛一天比一天虚弱，它的爬升能力每天都会减少其最大爬升能力的 10%，即 3×10%=0.3 尺。也就是说，第二天，白天它只能爬 3–0.3=2.7 尺，而第三天只能爬 2.4 尺。

蜗牛究竟要哪一天才能爬出来，或许根本就爬不出来。而爬出来的标志是它在某一天，累计爬高量克服下滑量所到达的高度，超过 6 尺。下表说明，小蜗牛在第三天终于爬出了井口。

天数	初始高度	爬高量	到达高度	下滑点
1	0	3	3	2
2	2	2.7	4.7	3.7
3	3.7	2.4	6.1	—

要求得到一个通解。即根据不同的井深 H（Height），每种蜗牛的最大爬升距离 U（Up），不由自主地下滑的距离 D（Down），以及衰弱因子 F（Factor），来判断蜗牛到底哪一天能爬

出来或不能爬出来，在哪一天终于又回到井底（在爬出井口前，累计爬高量已经被下滑量所克服，而又到达井底）。

□ 输入描述

输入的数据包含一些数据组，每组数据包括 H、U、D、F（均处于[1，100]区间内）4 个整数，若 H 为 0，则表示输入结束。

蜗牛不会在高度为负值下进行爬行，即一旦在夜里回到井底，而且还没有天亮，蜗牛就不再尝试爬出井口。

□ 输出描述

对于每组数据，输出一行信息，表示蜗牛于哪一天成功爬出井口，或哪一天又回到了井底。要求按样本输出格式输出。

□ 样本输入

```
6 3 1 10
10 2 1 50
50 5 3 14
50 6 4 1
50 6 3 1
1 1 1 1
0 0 0 0
```

□ 样本输出

```
success on day 3
failure on day 4
failure on day 7
failure on day 68
success on day 20
failure on day 2
```

第8章　解题指导

本章各套解题指导与第 7 章的实验套号相匹配。

8.1　第一套实验

❑ 本套实验的目的

（1）学习用数学推算寻找问题解决方案。
（2）从内部特性寻求问题解决方案。
（3）充分利用数据信息特征突破空间限制。
（4）多重集合的使用。
（5）初步学习空间换时间的技巧。

8.1.1　列出完数

根据完数的定义，可以很容易地写出对于一个整数 m 是否为完数的算法：

```
int sum=1;
for(int j=2; j<m/2; j++)      //判断每个小于m的整数是否能整除m
  if(m%j==0)
    sum += j;                 //累计m的因子和
if(sum==m)                    //比较因子和与m
  则m为完数;
```

题意是给定一个 n（1<n<10 000），求所有小于 n 的完数。为此对所有小于 n 的整数都需要判断是否为完数，故在一个判断完数的过程外面还要套一层 2~n 的循环。而输入数据则给出若干 n，因此还要在其外面套上一个输入数据的循环。代码如下：

```
for(int n; cin>>n; )
{
  cout<<n<<":";
  for(int i=2; i<=n; i+=2)  //推测完数为偶数，故步长为2
  {
    int sum=1;
    for(int j=2; j<=i/2; j++)
      if(i%j==0)
```

```
        sum += j;
      if(sum==i)
        cout<<"  "<<i;
    }
    cout<<"\n";
}
```

然而，题目中并没有说明输入数据的个数，显然是要求每个测试数据的计算应该对于总的时间要求影响不大。如果总的时间要求是 1 秒，而其中一个 n 的计算时间占到 0.01 秒（占总时间的 1%）或以上，那么，应该认为测试数据的数量对总的运行时间是敏感的。这样的算法很可能在性能上存在问题。

虽然 n 的大小至多为 10000，但每次对 n 的处理按照上述算法难免会消耗一个较大的时间量，因此应该考虑采用更有效的算法。

如果先计算所有小于 10000 的完数并放在向量中，然后对每个 n，只需要在向量中打印每个 n 内的完数即可。于是，算法便可以设计为：

```
vector<int> a;
for(int i=2; i<10000; i+=2)           //构造小于10000的完数表
{
  int sum=1;
  for(int j=2; j<=i/2; j++)
    if(i%j==0)
      sum += j;
  if(sum==i)
    a.push_back(i);
}
for(int n; cin>>n; )                  //开始处理输入数据
{
  cout<<n<<":";
  for(int i=0; i<a.size(); ++i)       //打印每个小于n的完数
    if(a[i]<=n) cout<<" "<<a[i];
  cout<<"\n";
}
```

在算法中，使用向量的好处是可以任意扩展元素，但是又要防止过分频繁扩展所带来的内存重新分配的额外开销，由于完数的数量很少，采用向量的扩张形式恰到好处。

该算法比没有向量的“硬”处理要好很多，前一算法提交后反馈超时，而本算法提交后却“AC”了。

8.1.2　12！配对

首先要将数据读入，然后寻找配对。于是便有了建立一个向量存放输入数据，然后遍历查找其对子，对于找到的对子，进行两个元素的删除操作。不过这对于向量来说，并不十分完美，因为向量不擅长中间元素的删除操作。这可以使用 set，set 的查找速度很快，这里正好需要大量的查找工作。

但是成对元素的处理面临困境：用遍历算子指定一个元素，查找到了配对元素，如果两者被一起删除，将会引起遍历算子的定位问题。

事实上，在输入数据的时候，可以过滤那些不是12!的因子的数进入set集合，以提高查找的效率。同时在输入数据还没有进集合之前先对集合元素进行配对查找，若找到则删除集合中的对应元素（不用两个一起删了，因为一个元素还没有进入集合），若没有找到配对元素，则进入集合。设计代码如下：

```
int num=0, f12=479001600;  //12!
multiset<int> s;
for(int n; cin>>n; )
  if(f12%n==0)
  {
    set<int>::iterator it=s.find(f12/n);
    if(it!=s.end())
    {
      num++;
      s.erase(it);
    }else s.insert(n);
  }
cout<<num<<"\n";
```

需要注意的是，集合中应该可以容纳多个相同元素，因此使用multiset是必需的。set与multiset资源都在set头文件中。

8.1.3 整数的因子数

一个整数n的因子按下列代码求得：

```
int num=2;   //1与n自然就是n的因子
for(int i=2; i<=n/2; ++i)
  if(n%i==0)
    num++;
```

该代码先将1与n排除在循环之外是一种优化，否则i从1到n变化会加重循环1倍的负担。

但是，面对整数数值可能是上亿，该代码的效率就潇洒不起来了。

为了更快地得到一个整数的所有因子，首先必须得到一个整数的所有素因子。由素因子的组合再来构造其所有的因子，这是想提高速度的初始想法。一个整数的素因子还有一个特点，就是超过其平方根值的素因子最多只有一个，证明如下：

一个整数等于它自己的所有素因子之积。假设一个整数n，超过其平方根值的素因子有2个，不妨设为y和z，则：

```
n > yz
```

这与n等于所有素因子之积矛盾。

所以，该结论指引我们只要建立一个2^{16}的素数表就可以很快地得到一个整数（$<2^{32}$）

的所有素因子了。因为整数的大部分素因子都在 2^{16} 之内，最多只有一个素因子在 2^{16} 之外。

建立 2^{16} 的素数表，可以采用数组扩张法，也可以采用筛法（☞第6章“样板实验”）。两者因为素数表的规模不大所以其性能差别不大，但代码以数组扩张法较为简单，因为后者筛完非素数后，还要循环一次以建立真正的素数表。数组扩张法的代码如下：

```
int w[6600]={2,3,5,7,11,13,17,19,23,29};    //6600为2^16之内素数个数的约数

bool isPrime(int n)
{
  for(int i=0; w[i]*w[i]<=n; ++i)
    if(n % w[i]==0) return false;
  return true;
}
int main()
{
  int n=10;
  for(int i=31; i<(1<<16); i+=2)              //构造2^16之内素数表
    if(isPrime(i))
      w[n++]=i;
  …
}
```

上述代码中，素数表建立在全局数组 w 中。其素数元素个数 n 从最初的 10 扩张到 6542（小于 2^{16} 的素数个数）。

利用 w 这张素数表，就可以进行素因子分解。其代码如下：

```
map<int, int> ma;                        //键存放素因子，值存放分解个数
for(int i=0; a!=1 && i<n; )              //分解因子，n为素数表边界
  if(a%w[i]) i++;                        //w[i]不是a的因子，则尝试素数表中下一个素数
  else  ma[w[i]]++, a/=w[i];             //是因子，则a的该素数个数加1，a除去该素数
if(a>(1<<16)) ma[a]++;                   //大于2^16的素因子最多只有一个
```

这里使用了容器 map。map 容器中的每个对象中总是含有两个元素。一个是键元素，一个是值元素，键元素决定了对象在 map 容器中的位置。这种对象与结构数组

```
struct{
  int a;
  int b;
} x[100];
```

相比，map 的好处是键值自动形成了大小比较的标准，无论插入还是删除，都是内部自动维护从小到大的顺序，因为查找方式是二分法查找，速度比顺序查找快很多。而结构数组需要自己编写比较函数，插入与删除不得不斤斤计较每个语句的效率问题，排序更是需要另写代码；map 容器从性能上也一点不输于结构数组，而且从代码的简短性，更可以容易地看出其算法的目的性。

例如，整数 18144 所对应的素因子分解结果 ma（map 容器）为：

```
ma[2]=5                          //素因子2有5个
ma[3]=4
ma[7]=1
```

一个整数的所有因子应为其所有素因子的不同组合：

2、3、7 都不出现，则 1 为其因子；

2 单独出现，则有 5 种情形（2、2^2、2^3、2^4、2^5）；

3 单独出现，则有 4 种情形；

7 单独出现，则有 1 种情形；

2、3 出现，则有 5×4 种情形（2×3、2^2×3、2^3×3、2^4×3、2^5×3、2×3^2、2^2×3^2、2^3×3^2、2^4×3^2、2^5×3^2、2×3^3、2^2×3^3、2^3×3^3、2^4×3^3、2^5×3^3、2×3^4、2^2×3^4、2^3×3^4、2^4×3^4、2^5×3^4）；

2、7 出现，则有 5×1 种情形；

3、7 出现，则有 4×1 种情形；

2、3、7 都出现，则有 5×4×1 种情形；

所有这些不同因子数相加（1+5+4+1+20+5+4+20），得 60 种。

由推导因子个数的过程，可以得到计算过程：

```
int sum = 0;
for(int i=0; i<(1<<ma.size()); ++i){    //共有2^ma.size()种素因子组合情况
  int t=1;
  map<int,int>::iterator it=ma.begin();
  for(int j=0; j<ma.size(); ++j, ++it)
    if(i & 1<<j)
      t*=it->second;                    //每种因子组合中,将各个素因子个数相乘
  sum += t;                             //每种因子组合的情形数相加
}
//sum即为a所有因子数
```

其中，ma 为素因子分解结果。

如果再仔细归纳，就可以得出一个数学结论：一个整数的所有因子数等于其每个素因子的个数加一之后的乘积，即$(1+p_1)(1+p_2)\cdots(1+p_n)$，其中 p_1，p_2，…，p_n 分别为该整数的所有 n 个素因子 P_1，P_2，…，P_n 的相应个数。例如：整数 18144 中，2 的因子数为 5 个，则所有因子组合就有 6 种形式（1,2,2^2,2^3,2^4,2^5）；3 的因子数为 4 个，则所有可能形式有 5 种；7 的因子数为 1 个，则所有可能形式为 2 种；而所有的因子数为每个素因子一切可能的组合，即(1+5)×(1+4)×(1+1)=60。

因此，又进一步获得了更为简单的求因子数的过程：

```
typedef map<int, int> Map;
typedef Map::iterator It;
// …
int sum = 1;
for(It it=ma.begin(); it!=ma.end(); ++it)
  sum *= (1+it->second);
//sum即为a的所有因子数
```

8.1.4 浮点数的位码

本实验除了观察长双精度数的内码外，还复习输出格式的表示。

长双精度型数的长度为 10 字节，这可以从 sizeof(long double)中得到。

因为长双精度数作为浮点数没有移位操作，所以要将其在位码不变的前提下转换成整型，因此选择指针转型操作。为了对应 8 位一个单元的输出，将其转换为字符指针，代码如下：

```
int m=0;
for(long double d; cin>>d; )
{
  cout<<(m++?"\n":"");
  char* p = (char*)&d;
  for(int i=0; i<10; ++i)                    //长双精度数占10字节
  {
    for(int j=7; j>=0; --j)
      cout<<(*(p+i)>>j & 1);
    cout<<(i%5==4?"\n":",");
  }
}
```

一共是 10 字节，所以打印一个长双精度数要循环 10 次，每次要针对一“字节”循环 8 次，输出一个 8 位后要查看是打印逗号还是回车符。每次打印一个长双精度数之前还要确定是否是空行。这些控制都有之后，即使测试数据量有千百万个，提交还是没有问题的。

8.1.5 对称素数

对于每次读入的整数，需要确定既是素数，又是对称数。根据第 4.5.3 节的描述，在求 5 位以内的素数时，忽略了 4 位数，原因是偶数位对称数一定是合数。因此，在 10^8 之内，6 位数和 8 位数也是合数，这会大大减少在建立对称素数表时的工作量。

首先，只需建立 10^7 之内的素数表就够了，因为没有一个 8 位对称数是素数。采用位集 bitset 筛法是一种快捷的方式，如下代码：

```
bitset<10000000> p;                          //全局位集

void sieve()                                 //建立一次性素数表
{
  p.set();                                   //10^8位全置1
  for(int i=4; i<10000000; i+=2)             //清除2的倍数位
    p.reset(i);
  for(int i=3; i<3163; i+=2)                 //清除已是素数的倍数位
    if(p.test(i))
      for(int j=i*i; j<p.size(); j+=i*2)
        p.reset(j);
}
```

其次，再建立一个对称数表。用与素数表一模一样的位集来构造，原因是后面要进行两者的集合操作，能够进行集合操作的前提是两个位集在构造上相同。

先将个别 1 位数、2 位数对称素数放入位集中，然后分别在 3 位数、5 位数和 7 位数中对对称数进行循环，将位集合对称数位上置位，实现代码如下：

```
bitset<10000000> q;                              //全局位集

void sym()                                       //非完全对称数表
{
  q.set(2); q.set(3); q.set(5); q.set(7); q.set(11);
  for(int i=1; i<=9; i+=2)                       //3位对称数循环置位
  for(int j=0; j<=9; ++j)
    q.set(101*i+10*j);
  for(int i=11; i<=99; i+=2)                     //5位对称数循环置位
  for(int j=0; j<=9; ++j)
    q.set(1001*i+100*j);
  for(int i=101; i<=999; i+=2)                   //7位对称数循环置位
  for(int j=0; j<=9; ++j)
    q.set(10001*i+1000*j);
}
```

在对称数循环中，将 i 看作两边的对称部分，j 看作中间的任意数字。因为 i 不可能是偶数，步长可优化为 2。

之所以称其为非完全对称数表，是因为一些对称但直观上非素数的数没有加进去。如 4 和 8。最后在与素数位集做交集操作时，结果是一样的。

代码中的 3、5、7 位对称数循环是可以合并的，只要找出对称数针对 i 和 j 的表达式即可。合并之后，代码更加简洁且不失其性能：

```
bitset<10000000> q;                              //全局位集

void sym()                                       //非完全对称数表
{
  q.set(2); q.set(3); q.set(5); q.set(7); q.set(11);
  for(int i=1; i<=999; i+=2)
  for(int j=0,k; j<=9; ++j)
  {
    int k=1,cba=0;
    for(int abc=i;abc;abc/=10,k*=10)
      cba=cba*10+abc%10;
    q.set((i*10+j)*k+cba);
  }
}
```

以上准备工作都是为了能在输入处理的操作中赢得时间，以最短的时间进行素数和对称数的判断。输入处理的代码可以编写如下：

```
sieve();
sym();
q &= p;
int num = 0;
for(int a; cin>>a; )
```

```
  if(a<10000000)
    num += q.test(a);
cout<<num<<"\n";
```

通过建立素数表和对称数表，随之进行交集操作，得到一个 10^7 之内的对称素数表，然后开始读入整数，只要该整数大于 10^7，则直接判断为非对称素数。如果小于 10^7，则通过查表可以确定 true 或 false（即 1 或 0）。

在简单的编程运行之后，发现 10^7（或 10^8）之内的对称素数总量共 651 个，因此，完全可以采用集合 set 来存放对称素数表，以达到与位集同样的性能。因为集合的搜索是二分法查找，性能丝毫不输于位集。而且，在建立对称素数表过程中，还可以省略交集操作，具体代码如下：

```
void symPrime(set<int>& q)          //建立对称素数表集合q
{
  q.insert(2); q.insert(3); q.insert(5); q.insert(7); q.insert(11);
  for(int i=1; i<=999; i++)
  for(int j=0; j<=9; ++j)
  {
    int k=1,cba=0;
    for(int abc=i;abc;abc/=10,k*=10)
      cba=cba*10+abc%10;
    int m=(i*10+j)*k+cba;
    if(p.test(m)) q.insert(m);
  }
}
```

对称素数表集合的建立仍然依赖于素数表。其中对称数的产生沿用了 3、5、7 位对称数循环的合并算法，并为了提高效率而引入保存对称数的中间变量 m。之后的读入整数操作可以用下面的代码实现：

```
sieve();
set<int> q;
symPrime(q);
int num = 0;
for(int a; cin>>a; )
  if(a<10000000)
    num += (q.find(a)!=q.end());
cout<<num<<"\n";
```

先创建一个空集 q，然后建立对称素数表。之后，读入的每个整数只要小于 10^7，查找是否在对称素数表集合 q 中，就可以决定计数与否了。

8.2 第二套实验

□ 本套实验的目的

（1）进一步学习用数学方法来寻求问题解决方案。

（2）学习模运算的数学特性。

（3）设计类型实体的比较函数以适应 STL 算法。

（4）学习周密考虑各种数据情况的处理。

（5）充分利用字符串的各种操作以优化代码。

8.2.1 密钥加密

本题采用的加密方法是一种简单易用的方法。将文字字符做一个偏移后，变成了另一个字符。文字字符在从左到右做移动时，对应的偏移值也在做周期性的变化，等到文字字符移动结束，整个加密工作也就结束了。

加密工作是针对一个密钥（字符串）和一个明文（文字串）展开的，以此两个变量作为参数，则可以描述其处理过程如下：

当文字移动到第 i（从第一个位置循环变化到最后一个位置）个位置时，其文字字符 mw[i]与密钥字符 key[i % key.length()]（因 key 串的长度与明文长度不同，需要用模运算来约束 key 的下标访问）进行“+”操作。注意，位移值应为密钥字符（它是数字字符）减去'0'字符。因此得到：

```
char ch = mw[i] + key[ i % key.length() ]-'0';
if(ch > 122) ch = ch - 91;
```

该条件判断句的另一个表达方式为：

```
ch = (ch - 32) % 91 + 32;
```

亦即，当 ch≤122 时，ch–32 的值小于 91，因此模 91 之后保持原值，加上 32 后还是 ch 自身；当 ch>122 时，ch–32 的值模 91 后相当于 ch–123 的值，因此加上 32 之后，就变成 ch–91 的值。下面是一个加密算法的实现：

```
string encode(const string& key, const string& mw)
{
  string result;
  for(int i=0; i<mw.length(); ++i)
    result += char((mw[i] + key[i%key.length()]-'0'-32)%91+32);
  return result;
}
```

根据输入数据的结构，可以轮换输入密钥和明文，直到文件尾结束，其过程如下：

```
for(string key,mw; getline(cin, key) && getline(cin, mw); )
  cout<<encode(key, mw)<<"\n";
```

密钥和明文都单独占一行，因此用 getline 方式输入恰到好处。否则，面对由若干单词组成的明文，将不知所措。

因为算法是简单和直观的，所以没有性能差异问题。

8.2.2 密钥解密

解密与加密是一组对偶，谁也离不开谁。解密算法是用密钥对密文进行加密操作的反

操作。其处理过程如下：

当文字移动到第 i（从第一个位置循环变化到最后一个位置）个位置时，其文字字符 mw[i]与密钥字符 key[i % key.length()]（因 key 串的长度与明文长度不同，需要用模运算来约束 key 的下标访问）进行“–”操作，即得到：

```
char ch = mw[i] - key[ i % key.length() ]+'0';
if(ch < 32) ch = ch + 91;
```

该条件判断句的另一个表达方式为：

```
ch = (ch - 122) % 91 + 122;
```

亦即，当 ch≥32 时，ch–122 的绝对值小于 91，因此模 91 之后保持原绝对值，加上 122 后还是 ch 自身；当 ch<32 时，ch–122 的值模 91 后相当于 ch–31 的值，因此，加上 122 之后，就变成 ch+91 的值。下面是一个解密算法的实现：

```
string decode(const string key, const string mw)
{
  string result;
  for(int i=0; i<mw.length(); i++)
    result += char((mw[i]-key[i%key.length()]+'0'-122)%91+122);
  return result;
}
```

8.2.3 01 串排序

用 string 表示串而不用字符指针的好处是不用关心串长或空间细节，可以随意复制和拼接等。string 串大小比较的默认标准是按各字符的 ASCII 码值大小，如果算法中需要改变大小比较的标准，则要自己设计比较函数。为了使用诸如 sort 的排序算法，其比较函数可以设计如下：

```
bool comp(const string& s1, const string& s2)
{
  if(s1.length()!=s2.length()) return s1.length()<s2.length();
  int c1=count(s1.begin(),s1.end(),'1');
  int c2=count(s2.begin(),s2.end(),'1');
  return (c1!=c2 ? c1<c2 : s1<s2);
}
```

如果长度不等，则只要返回其长度比较的结果即可；否则，分别计算串中 1 的个数，若 1 的个数不等，则以 1 的个数来决定大小，否则以串的 ASCII 码值大小决定大小。也就是说，程序推翻了原来的 string 串大小标准，改用自己的比较标准。因此，在对以 string 为元素的容器的排序中，需要指定一个自定义的比较函数，作为排序算法的第三个参数。见下列使用 sort 的代码：

```
vector<string> ve;
for(string s; cin>>s; )
  ve.push_back(s);
```

```
sort(ve.begin(), ve.end(), comp);
for(int i=0; i<ve.size(); ++i)
  cout<<ve[i]<<"\n";
```

本来，可以通过定义 operator<算法：

```
bool operator<(const string& s1, const string& s2)
{
  if(s1.length()!=s2.length()) return s1.length()<s2.length();
  int c1=count(s1.begin(),s1.end(),'1');
  int c2=count(s2.begin(),s2.end(),'1');
  return (c1!=c2 ? c1<c2 : std::operator<(s1,s2));
}
```

而 sort 默认使用比较算法：

```
vector<string> ve;
for(string s; cin>>s; )
  ve.push_back(s);
sort(ve.begin(), ve.end());          //sort中默认使用比较算法
for(int i=0; i<ve.size(); ++i)
  cout<<ve[i]<<"\n";
```

但是，本例的比较算法中所使用的 string 串小于操作“s1<s2”，带有编译器二义性（究竟是新定义的“<”操作还是 string 原先的“<”操作呢？），而使定义“operator<”的操作得不到正确运行。

因为需要排序，所以需要先将元素放在容器中。由于最初不知道元素个数，所以对向量的操作只能采用元素扩展的 push_back 方法，这对一些含有大量元素的问题来说，处理是不利的，因为它会耗尽容器中的备用空间，不得不屡次申请更大的空间，从而增大额外开销。

比较好的替代办法是采用集合容器 set。由于 set 内部的实现采用树结构，所以搜索速度很快，自然地按从小到大顺序排列，因此比向量又省去了单独排序的开销。

set 也可以单独指定比较函数：

```
struct Comp
{
  bool operator()(const string& s1, const string& s2){
    if(s1.length()!=s2.length()) return s1.length()<s2.length();
    int c1=count(s1.begin(),s1.end(),'1');
    int c2=count(s2.begin(),s2.end(),'1');
    return (c1!=c2 ? c1<c2 : s1<s2);
  }
};
typedef multiset<string, Comp> Mset;
typedef Mset::iterator It;
int main()
{
  Mset me;
```

```
    for(string s; cin>>s; )
      me.insert(s);
    for(It it=me.begin(); it!=me.end(); ++it)
      cout<<*it<<"\n";
}
```

所指定的比较函数是一个类（class）或结构体（struct）中的“()”操作符。上面的代码中，为此专门建立了一个只含有“()”操作符的结构体：

```
struct Comp;
```

初学者对类代码不了解，然而要想将 C++的容器使用好，还非得这种辅助功能搭配不可。既然这种代码看上去格外清晰、自然、简洁和高效，就应该模仿学习了。定义了含比较的类后，再使用 multiset 容器的第二个参数指定该含有“()”操作符的比较类：

```
typedef multiset<string, Comp> Mset;
```

就可以对可重集 multiset 进行操作了。

注意：这里用可重集 multiset 而不用单重集 set，是因为考虑到集合中可能会出现相同的元素，它们的资源都在 set 头文件中说明。

8.2.4 按绩点排名

本实验是训练判断是否需要设立存储元素的空间，学习变量的作用域，多重循环的控制以及打印格式。

因为每个学生读入的是课程成绩，最后需要的是经过计算的绩点分，所以课程成绩其实无须用向量或数组来保存，可边读边计算绩点，每个学生设立一个总绩点变量和一个计算绩点的循环，求得绩点后，便随学生名字一起存储，便于后面的排序和打印。

既按总绩点又按学生名字排序，因此排序的比较函数是根据总绩点和学生名字两个信息得到的，不妨设计存有该两个信息的结构，同时搭上一个为便于初始化的构造函数：

```
struct Student
{
  string s;
  double d;
  Student(string ss, double dd):s(ss), d(dd){}
};
```

然后，据此设计一个比较函数：

```
bool operator<(const Student& a1, const Student& a2)
{
  return (a1.d!=a2.d ? a1.d>a2.d : a1.s<a2.s);
}
```

考虑到用集合存储结构可以免于专门的排序工作，而且在一个班级中不考虑存在学生重名的情况，因此具体的代码可以设计如下：

```
typedef set<Student> Set;
typedef Set::iterator It;
```

```
// …
int num; cin>>num;
for(int i=0; i<num; ++i)                  //按班级
{
  int n,m; cin>>n;                        //课程数
  vector<int> credit(n);                  //学分
  for(int j=0; j<n; ++j)
    cin>>credit[j];
  Set ma;
  for(cin>>m; m--; )                      //按学生名字
  {
    string s; cin>>s;
    double sum=0;
    for(int i=0,a; i<n && cin>>a; ++i)        //输入一门成绩，累计一次绩点
      if(a>=60) sum += (a-50)*credit[i];
    ma.insert(Student(s,sum/100));            //插入时采用默认比较规则
  }
  cout<<fixed<<setprecision(2);
  cout<<(i?"\n":"")<<"class "<<i+1<<":\n";
  for(It it=ma.begin(); it!=ma.end(); ++it)
    cout<<left<<setw(11)<<it->s<<it->d<<"\n";
}
```

每次处理班级的时候，学分需要保存下来，以备计算每个学生绩点时反复使用。

输出处理中，因为学生名字是左对齐，外加空一格，所以可以用长度 11 来输出学生名字，紧接其后是输出绩点。

使用容器总免不了用尖括号，为了使代码干净、简洁，采用 typedef 是一个好习惯。但要注意其放的位置，因为该语句使用了 Student 名字，所以需要放在 Student 结构定义体的下面。

8.2.5 去掉双斜杠注释

用双斜杠作为注释的意义是清楚的，但是处理时需要注意以下几点：

（1）不能简单地从最后字符开始查找“//”，然后简单地去掉所找到的位置后面的部分，因为双斜杠中可能还含有双斜杠。

（2）即使找到双斜杠的准确位置，也要考虑到本行是否全是注释，否则去掉后面部分，就可能打出了一个空行，或语句末还留有一些看不见的空格。

（3）担心语句中所描述的字符串值中含有双斜杠，正像本程序要用到的语句：

```
int n = s.find("//");   // 含双斜杠
```

因此，应先从后面找一下双引号的位置。

显然，应采用逐行读入逐行处理的办法：

```
for(string s; getline(cin, s); )
{
  int p = s.find_first_not_of(' ');
```

```
    if(p==string::npos){ cout<<"\n"; continue; }    //保留空行
    if(s.substr(p,2)=="//") continue;               //整行注释,则直接去掉
    p = s.find_last_of('"');                        //从行末倒查双引号(若有的话)
    if(p==string::npos) p=0;                        //行中无双引号,则从头找"//"
    p = s.find("//",p);
    if(p==string::npos) cout<<s<<"\n";              //未找到"//",则保留原句
    else
    {
      p = s.find_last_not_of(' ',p-1);              //找到"//",则捎带去掉前导空格
      cout<<s.substr(0,p+1)<<"\n";
    }
  }
```

上述代码是对 string 中的搜索能力加以充分利用，因此代码显得简短，其过程为：

（1）在行中从头开始找第 1 个非空字符，如果找不到，则说明那是空行，应予以保留。

（2）判断非空字符打头的是否为双斜杠，若是则说明为整行注释，应予以去掉。

（3）从行尾开始往前找双引号，若找到，就从那里开始；否则从 0 开始，寻找双斜杠。

（4）若没有找到双斜杠，则原句原样输出。

（5）若找到双斜杠，则为了去掉双斜杠之前多余的空格，需要从双斜杠起倒着找非空字符，然后将从头开始到该非空字符的字串输出。

代码中的 string::npos 表示串尾位置，一般编译器把它置为–1。但为了可移植，没有用数字直接表示。

8.3 第三套实验

□ 本套实验的目的

（1）数学推算综合空间换时间策略。

（2）学习数据过滤技术。

（3）学习递归设计。

（4）浮点数处理及输出格式设计。

8.3.1 n! 的位数

对每个数值近千万的不同 n，求 n!的位数，采用平凡的算法（后面介绍），算一遍也要消耗 1～2 秒，因此，本问题的要求使你不可能采用读入一个 n，计算一下 n!的位数的方法。而是应先将所有这些 1!（甚至 0!）～9999999!的位数值放入数组或向量中，这已经是一种空间换时间的直觉设计了。

而 10^7 个整型数这么大的内存空间申请，究竟是采用局部、全局，还是动态的空间呢？究竟是采用整型数组、整型指针，还是整型向量呢？这应根据系统特点来决定。

（1）局部存储区最宝贵，动用局部数组将会行不通。尽管有些硬件环境可能已经支持高速和大内存了，但这还没有达到可移植的地步。

（2）局部向量本身就不是在局部存储区开辟大空间，而是借助于内部指针在动态存储区申请空间，因而将不会有局部数组的问题。

（3）指针总是瞄着动态存储区的。动态存储区只要不是编译器设限（实验问题中限制空间使用量），在基本编程的前提下，总是能够满足用户编程的需求。

（4）全局数组比局部数组要好一些，但它受到全局数据区大小的限制。经验告诉我们，10^7个整型数已是它的极限，有些编译器可能因通不过，而报出致命错误信息。

（5）全局向量与局部向量一样，它们都在动态存储区活动，因而都没有问题。只是全局向量会有系统自动析构的方式问题，这往往给编程调试带来一定的麻烦，因为程序运行到脱离 main 函数的最后一条语句时，将面临向量的析构执行。

（6）全局指针与局部指针都是对动态内存操作，没有什么差别。

（7）使用向量指针是没有必要的。

归纳以上的描述得出：

（1）采用局部向量和局部指针为上策，它们都在动态存储区中操作。若两者再做一次比较，则应偏向向量，因为指针要求明确的释放操作，而向量却把琐碎工作在自己内部都做了。

（2）采用全局指针和全局向量为中策，它们实际上也在动态区域中操作，只是全局数据从编程习惯上最终是要被排斥的。

（3）采用全局数组为下策，它受到全局数据总量的制约，从而可能使编译链接失败。

（4）采用局部数组为下下策，即使编译能幸免于难，也大量剥夺了用于函数调用周转的空间，导致程序运行更容易崩溃。

对于所有这些策略，如果是小规模空间，则无论在空间还是时间上，操作都不存在明显的差异。

这里的空间问题与素数筛法不同，筛法所需要的元素值只为 0 和 1，因此可以有压缩空间的余地。

接下来的问题是如何计算 n!的位数。已知：

$$\lg n! = \lg 1 + \lg 2 + \cdots + \lg n$$

因此：

$$n! = 10^{\lg 1 + \lg 2 + \cdots + \lg n}$$

即 n!有 $\lg 1 + \lg 2 + \cdots + \lg n$ 位（如果有小数，则向上取整）。因此，可以通过循环求对数和的方法来获得 n!的位数，即：

```
vector<int> a(10000000);
a[0]=a[1]=1;
double sum=1.0;
for(int i=2; i<10000000; ++i)
{
  sum += log10(i*1.0);   // 需要cmath头文件
  a[i] = sum;
}
```

这里要注意一个细节：向量元素是 int 型，而 sum 变量是 double 型，将 sum 值赋给 a[i]

会引起精度丢失。然而这个代码恰恰是利用了 C++内部数据类型隐性转换的规则而人为制造的一种简练技巧。

n!的位数为其每个不大于 n 的自然数的对数和的高限值，俗称“天花板”，例如 1.35 的天花板值等于 2。C++中有专门的天花板函数 double ceil(double)，它是数学函数，在 cmath 头文件中说明。因此，代码原来应为：

```
double sum=0;                          //原来的初值
for(int i=2; i<10000000; ++i)
{
  sum += log10(i*1.0);                 //需要cmath头文件
  a[i] = ceil(sum);
}
```

将 sum 初值设为 1（多了），而任其精度自然损失，正好能获得所需要的精确位数，而且减少了对 ceil 函数循环调用的开销！

8.3.2 排列对称串

考虑到输入数据也许很庞大，所以应将并不在输出之列的非对称字符串在读入时就被剔除。所有的对称串为了排序，需要先进入一个容器，而且是一个可扩展元素的容器，于是非向量莫属。

判断字符串的对称性，可以用以下方法。

（1）直接字符串逆转，即调用系统的 reverse 算法，然后与原字符串比较。

（2）自定义一个逆转函数，调用之后获得一个新字符串，再与原字符串比较。

（3）自定义一个对称判断函数，直接调用。

以上三种方法中，第二种最不可取，因为自定义的函数如果功能和参数与系统中已有的算法相同，那多半情况下系统的算法不会比你差，而且你还得写代码“劳命”呢！

第一种方法代码编制最为简单，即：

```
//s为string 类型，原字串
string t = s;
reverse(t.begin(), t.end());                //algorithm头文件支持
if(t == s)
  …
```

第三种方法性能更好，因为它可以不做逆转（即不做交换操作），直接在字符串中做对称字符的循环判断，代码简短：

```
bool isSym(const string& s)
{
  for(int i=0; i<s.length()/2; ++i)      //只要循环串长的一半
    if(s[i]!=s[s.length()-i-1]) return false;
  return true;
}
```

因为要排序，所以还要设计一个比较函数：

```
bool myComp(const string& s1, const string& s2)
{
  return s1.length()!=s2.length() ? s1.length()<s2.length() : s1<s2;
}
```

比较的规则是先按长度大小比较，在长度相同时，再按字符串大小比较。

做好了这些准备，主代码就很简短：

```
vector<string> ss;
for(string s; cin>>s; )
  if(isSym(s))
    ss.push_back(s);
sort(ss.begin(), ss.end(), myComp);     //algorithm头文件支持
for(int i=0; i<ss.size(); ++i)
  cout<<ss[i]<<"\n";
```

8.3.3 勒让德多项式表

给定一个 x，经历一个 n 从 2 到 6 的循环，一边循环一边输出一行数据。循环之前，先有两个初值，一个为 poly0(x)=1，另一个为 poly1(x)=x。已经有了递推公式，也就是给出了最难的解决方案。

本实验的困难之处也许在于输出格式。标题行是在循环读入数据之前就要输出的，它是一次性执行语句，最好等数据调试完了，再来对齐数据。

因此，困难在于数据的对齐了。用流输出的方法控制浮点数的小数点位数，可以用：

```
double d=3.56789;
cout<<fixed<<setprecision(3)<<d;    //输出3.568
```

流输出一般默认为右对齐，所以定长输出浮点数，又是右对齐，可以：

```
double d =1.234567;
cout<<setw(9)<<d;                   //默认小数精度和定点输出
```

注意：定点输出和非定点输出的区别在于，定点输出控制小数精度，非定点输出控制有效位数。

例如，同样是先有“cout<<setprecision(6);”，则：

```
cout<<fixed<<3.1234567;             //输出3.123457，精度为小数点后6位
```

而

```
cout<<3.1234567;                    //输出3.12346，有效位数为6位
```

一个样板的代码实现为：

```
cout<<fixed;
for(double x; cin>>x; )
{
   cout<<setprecision(3)<<x<<setprecision(6);   //在精度3位与精度6位之间切换
   double as=1, at=x;
   for(int n=2; n<=6; ++n)
```

```
    {
      double au = ((2*n-1)*x*at-(n-1)*as)/n;      //递推
      as = at;
      at = au;
      cout<<setw(11)<<au;              //2个空格加9位长, iomanip头文件支持
    }
    cout<<"\n";
  }
```

本实验的算法一目了然，没有性能问题。

因为是边循环边输出（解决），所以递归方法也许不是很直观。读者可以试试看。

8.3.4 立方数与连续奇数和

如果说勒让德多项式表是将数学方法告诉了你，看你如何编程表达，那么本实验则是锻炼如何根据题意来推得数学表达式，从而最终求解。

当 x 为已知，m 为整数时，n（n>1）项连续奇数的和可以表示为：

$$x^3=2m+1 + 2m+3 + 2m+5 +\cdots+2m+2n-1$$
$$=2mn+nn$$
$$=n(2m+n)$$

因为 x 可以为任意整数且 n>1，不失一般性，当 x 为素数时，为满足等式，只能 x=n，即：

```
n*n=2m+n
```

则连续奇数的首项 begin 为：

```
begin=2m+1=n*n-n+1=x*x-x+1
```

末项为：

```
begin+2x-1
```

其中，步长为 2。因此，对于每个读入的 x，其一种处理方式可以为：

```
for(int x; cin>>x; )
{
  int begin = x*x-x+1;
  cout<<x<<"^3="<<begin;
  for(int i=begin+2; i<=begin+2*x-1; i+=2)
    cout<<"+"<<i;
  cout<<"\n";
}
```

8.3.5 斐波那契数

该实验与第 3.3.3 节不同之处在于对测试数据的描述。而且，实质上本实验测试数据的量也比第 3.3.3 节要大得多。可以在这里测试一些古怪的算法，看看它们的运行速度，以做比较。

8.4 第四套实验

❑ 本套实验的目的

（1）处理识别简单表达式。
（2）学习大数表示，加法及负数处理方法。
（3）学习简单几何处理。
（4）进一步学习空间换时间方法。

8.4.1 简单四则运算

如果是复杂表达式计算，例如 C++表达式，那可能就要借助于类似编译技术的方法了，它不但要处理优先级（括号也属于一种优先级）、结合性，还要处理各种溢出、除 0 等意外，甚至要面对函数调用与返回、直接与间接访问、副作用，以及对象创建与析构等。

本实验的四则运算只涉及加减与乘除两种优先级，从右到左的结合性，没有函数调用，操作数只有直接字面量，甚至没有括号。

但是，仍然必须直面除 0 操作，必须区分乘、除与加、减操作：

如果一个操作数 A 先遇到“+”符号和另一个操作数 C，则还不能决定做加操作，先把 C 放到 B 中保护起来，以便 C 接受新的操作数，并标记（用 sign 变量）曾有未做的加操作；

只有下一次再遇到的操作符是“+”符号和另一个操作数 C，才能将刚刚的“+”变现为操作，即 A+B，结果放置在 A 中，而且应把 C 挪到 B 的位置；

如果下一次遇到的是“×”操作符和另一个操作数 C，则应先做 B 乘 C 操作，而且结果应放置在 B 中；

但如果最初遇到的是“×”符号而不是在先遇到加之后再遇到乘，则直接在 A 上做乘操作，即 A+C 结果放置的位置，完全是根据循环处理中在读入下一个操作符和操作数之前的状态要求而规定的。

对于减操作和除操作，也有相似的情况。

如果一个操作数 A，先遇到“×”符号和另一个操作数 B，则应毫不犹豫地做 A×B 的操作，并把结果放置在 A 中。

针对这种原始的分析，可以得到一个粗糙但正确的代码：

```
char op;
bool illegal=false;
double a,b,c;
int sign=0;
cin>>a;
while(cin>>op>>c)
{
  if(op=='+' || op=='-')
  {
    if(sign)
      a +=(sign==1 ? b : -b);
```

```
      b = c;
      sign=(op=='+' ? 1 : 2);
    }else
    {
      if(op=='/' && c==0)
      {
        illegal=true;
        goto A;
      }
      if(!sign) b=a;
      (sign ? b : a) = (op=='*' ? b*c : b/c);
    }
  }
A: if(illegal) cout<<"DivByZero\n";
   else
   {
     if(sign)
       a +=(sign==1 ? b : -b);
     cout<<scientific<<a<<'\n';
   }
```

该代码能够正确地区分加、减、乘、除四种操作，做除法操作之前，先判断是否除数为0，以决定是否结束本次表达式计算。

然而，继续分析下去，就可以进一步整理循环处理的结构。

可以将循环每次处理的状态看作已有a、+、b，而观察将要读入的☆和c，即每次都面临处理：

```
a+b☆c    //不忙做加操作
```

于是，a的初值应为0，表达式最先读入的是b，然后不断处理☆和c。其中☆可能是加、减、乘、除操作符，对于☆和c将做如下处理。

☆为+：则先做前面的+，即a=a+b,b=c;　继续新一轮读入☆，和c循环。

☆为–：则先做前面的+，“–”操作相当于加负数，即a=a+b,b=–c；继续新一轮读入☆，和c循环。

☆为*：则先做后面的*，即b=b*c;　继续新一轮读入☆，和c循环。

☆为/：当c!=0时，则先做后面的/，即做b=b/c;　继续新一轮读入☆，和c循环，而当c==0时，则直接输出DivByZero并中断本次表达式计算循环。

既然分为鲜明的四种情况来处理，于是，用一个switch结构便能看得更清楚：

```
char op;
double a=0,b,c;
for(cin>>b; cin>>op>>c; )
  switch(op){
    case'-': c=-c;
    case'+': a+=b; b=c; break;
    case'*': b*=c; break;
    case'/': if(c==0){
```

```
                cout<<"DivByZero\n";
                goto A;
              }else  b/=c;
  }
  cout<<scientific<<a+b<<'\n';
  A:
```

将“–”操作看作加上一个负数的操作，能使 switch 结构的代码更简洁。

当发生除以 0 时，直接输出 DivByZero。由于既要跳出 switch，又要跳出计算表达式循环，所以不能直接用 break，而用 goto 来控制。

除此之外，上面两种设计都面临着另一个技术难点，那就是如何知道一个表达式的终结。“cin>>op>>c”使表达式计算能顺利循环实现，但因为“cin>>op>>c”将会跨表达式地一直读下去，无法区分各个不同表达式的计算。但有一点是明确的，每个表达式占一行输入数据。所以通过一行一行地读入字符串便可以区分每个表达式。

C++提供了一个“串流”，它在操作上类似于流，而缓冲内容却并不是文件和标准输入设备，而是 string 串。它的定义方式是将一个 string 串初始化给串流，然后对串流进行输入操作，便可以得到所要的输入数据：

```
  for(string s; getline(cin, s); )      //循环读入表达式给string串
  {
    istringstream sin(s);               //建立输入串流sin, sstream头文件支持
    char op;
    double a=0,b,c;
    for(sin>>b; sin>>op>>c; )           //对输入串流做读入操作,串流亦能识别各基本类型
    {
      // ...
    }
  }
```

8.4.2 大数加

大数是指超过语言提供的内部数据类型之表达范围的数。于是大数只能放在程序员自定义的数据类型，或数组或向量等容器中，每个元素仅表示大数的其中一位。本实验的大数之和是指所有的正整数的和。其大数的位数可能多至 200 位。

我们知道算术加法是从个位开始逐位相加，如果有进位就将进位加到更高位上。这个过程可以用编程的方法实现，因为逐位加是一种规律性的操作。

首先要对输入的数据做些准备处理，因为输入的数字串是从高位到低位排列的，因而，两个大数只有高位是对齐的，低位并没有对齐。知道了这个原则，就可以将两个大数都逆转一下，然后进行反向相加处理。例如，对 123+56789 进行倒序相加：

```
      3210000
  +   9876500
  -----------
      2196500
```

做完了逐位“+”操作之后，将结果字串翻转，变成 0056912，然后去掉前导的 0，得到所要求的结果 56912。

本实验看似要做大量的加法，为此作为加法模块（函数）的参数考虑，最好是将一个大数加到另一个大数上，以避免中间变量的产生。同时，要做修改（被加）的大数，除了应为引用参数外，最好数字串是倒序排列的，即个位数在最高位。其示意代码如下：

```
void add(string& a, const string& s)
{
  int temp=0;                    //进位
  for(int ai=0,si=s.length()-1; si>=0||temp; ++ai,--si)
  {
    temp += a[ai]-'0'+(si>=0?s[si]-'0':0);
    a[ai] = temp%10+'0';
    temp /= 10;
  }
}
```

该加法为了节省操作，没有把参数 s 的顺序颠倒过来，而是一边从左加起，一边却从右加起。当 s 被逐位加完后，还要考虑到此时是否仍有进位，以便再继续加下去。

它的另一个性能略差的版本为：

```
void add(string& a, string& s)          //倒数字串做加法
{
  reverse(s.begin(), s.end());          //先倒转，再相加
  int temp = 0;
  for(int i=0; i<s.length()||temp; ++i){
    temp += a[i]-'0'+ (i<s.length()?s[i]-'0':0);
    a[i] = temp%10 + '0';
    temp /= 10;
  }
}
```

考虑到一定不能让运算溢出，被加数的位数应该取最大大数的位数，再加上可能进行的操作数量的对数的上限。例如，最大位数为 200 位的大数，要做 10000 多次运算，则可能会达到 205 位数。

```
const int bitNum = 205;
//...
int main()
{
  for(int num; cin>>num && num; )
  {
    string a(bitNum,'0');
    for(string s; num-- && cin>>s; )
      add(a, s);          //见上面的代码，结果在a中，倒排
    reverse(a.begin(), a.end());
    cout<<a.substr(a.find_first_not_of('0'))<<"\n";     //去掉0再输出
  }
}
```

大数的加法五花八门，各有各的优点和缺点，请读者仔细体会本解法的特点，并比较自己的算法。

8.4.3 大数（含负数）和

本实验与上个实验的差异在于本实验允许有负数，因为输入描述中并没有规定大数的值不小于 0。因此有时看似加法，其实是在做减法。

减法比加法复杂在负数的表示上。可以把大数的第 1 位作符号位，如果是正数，则把“+”号补上，通过第 1 位的情况来决定到底是做加法还是做减法。这是一种思路，但它的缺点是，每次做减法时，先要判断两个数的大小，然后较大数的符号决定运算结果的符号。若较小数减去较大数，则会导致溢出。

另一种思路是将负数像二进制补码的方式那样取补。这样也可以处理减法，只要对减数取补后再做加法就行了。取补是将一个十进制大数的每一位都用 9 去减，然后个位数再加 1。例如，最大为 5 位数的–123 取补后得到：

```
99679
```

在打印的时候，如果发现最高位是 9，则应先取补，取补之后负号相反。99679 取补后变回原来的值：

```
-00123
```

去掉前导 0 就是正确的结果了。

这种方法的缺点是先要对负数取补，然后再做加法。

取补是在做加法之前或打印之前，对顺排的数字串进行的。因此取补时，在全部位被 9 减之后，要在最后位（而不是在最高位）做加 1 的操作：

```
void comple(string& s){
  for(int i=0; i<s.length(); ++i)
    s[i] = '9' - s[i]+'0';
  for(int i=s.length()-1; i>=0; i--){
    if(s[i]=='9') s[i]='0';
    else{ s[i]++; break; }
  }
}
```

对所有读入的大数，如果发现带有“–”号，则应先删除，然后取补。

另外，由于补码的加法操作会涉及高位的 9，与最大位数很有关系，所以每个正数和负数都应扩充到最大位数，正数不够位则补 0，负数不够位则补 9。若在最高位上仍有进位，则直接抛弃之。这些都是二进制补码操作的法则，现全部适用于十进制数。

所以，大数（含负数）求和的抽象代码为：

```
for(int num; cin>>num && num; )
{
  string a(bitNum,'0');
  for(string s; num-- && cin>>s; )
```

```
    {
      if(s[0]=='-')
      {
        s = s.substr(1);                              //去掉负号
        s = string(bitNum-s.length(),'0') + s;        //前空补0,然后取补
        comple(s);
      }else
        s = string(bitNum-s.length(), '0')+ s;        //按最大位数处理正数,前空补0
      add(a, s);
    }
    reverse(a.begin(), a.end());                      //对结果做翻转
    if(a[0]=='9'){ comple(a); cout<<'-'; }            //若大数小于0,则取补
    int pos = a.find_first_not_of('0');               //去掉前导0
    if(pos==string::npos) cout<<"0\n";
    else cout<<a.substr(pos)<<"\n";
  }
```

对于将要打印的结果，先判断其正负性，然后去掉前导 0。还要考虑到如果一个大数等于 0，则去 0 操作将导致打印一个空串，所以如果全 0 的话，应特别地打印一个 0。

8.4.4 求彼此距离最近的两点

要在许多点中找彼此距离最近的两点，需要将所有坐标点输入一个容器中，然后循环比较大小（每个点都得跟别的点比较，因此是两重循环），保留最短距离的两个点。中间涉及坐标点的表示以及计算两点之间的距离。

```
struct Point
{
  Point(int dx=0,int dy=0):x(dx),y(dy){}
  int x,y;
};
int dis(const Point& a, const Point& b)
{
  return (a.x-b.x)*(a.x-b.x)+(a.y-b.y)*(a.y-b.y);
}
```

以上结构 Point 表示坐标点，内部有 x、y 两个坐标分量。外加一个构造函数，负责进行对象创建，也就是说，可以通过形式

```
Point(2,3);
```

创建一个（2,3）坐标点（☞主教材第 9 章）。

因为并不要求两点之间的精确距离，而只要求比较距离的长短，因此计算距离没有必要做开平方操作。

在循环比较中，如果两点的距离比原来的最短距离更短，则更新最短距离，将该两点的资料放入结果中；如果两点的距离等于原来最短的距离，则将该两点增加到结果容器中；如果两点距离大于原来最短距离，则放弃之。于是有代码：

```
for(int N; cin>>N && N; )
{
  vector<Point> p(N), r;              //p存放输入坐标点,r存放结果坐标点序号
  for(int i=0; i<N; ++i)              //输入坐标点循环
    cin>>p[i].x>>p[i].y;
  sort(p.begin(), p.end());           //让点呈大小排列,因而需要坐标点的比较函数①
  int m = 1<<30;                      //距离初值尽量大
  for(int i=0; i<N-1; ++i)            //点点比较
  for(int j=i+1; j<N; ++j)
  {
    int k = dis(p[i], p[j]);
    if(k==m)
      r.push_back((Point(i,j));
    else if(k < m)
    {
      r.clear();                      //更新距离时,同时也将结果容器清空
      r.push_back(Point(i,j));
      m = k;
    }
  }
}
```

因为结果数据都只有一个，偶尔会有两到三个，所以做向量元素扩充操作是合理的。要注意的是，结果数据虽然也是坐标点结构作为向量元素来表示，但是意义并不是坐标点，而是最短距离的两个点在所输入的坐标点容器 p 中的序号，同时注意 i、j 存放的次序。因此，如果要将距离最短的两个点打印出来，则代码应为：

```
for(int i=0; i<r.size(); ++i)
  cout<<"("<<p[r[i].x].x<<","<<p[r[i].x].y<<") "
      <<"("<<p[r[i].y].x<<","<<p[r[i].y].y<<")\n";
```

8.4.5 离直线最近的点

解决此问题会涉及大量数学问题。从解析几何知道，给定平面上的两点(x_1,y_1),(x_2,y_2)，可以决定一根直线。其直线方程为：

$$Ax+By+C=0$$

其中，$A=y_2-y_1$, $B=x_1-x_2$, $C=x_2y_1-x_1y_2$。于是某一点（a,b）到该直线距离的平方表示为：

$$(aA+bB+C)^2/(A^2+B^2)$$

由于在给出决定一根直线的两点时，就已经知道了 A、B、C 的值，所以在每次读入一个坐标点的循环中，都可以得到一个点到直线的距离值，据此就可以比较各个点到直线的距离大小了。

其实，点到直线公式中的分母是一个与点无关的定值，每个点的距离比较，只要比较

①
```
bool operator<(const Point& a, const Point& b)
    {  return a.x!=b.x ? a.x<b.x : a.y<b.y;  }
```

分子值，而且只要比较线性值的绝对值就行了，也不需要分子的平方数。该线性值较小，就能决定其到直线的距离较小。

另外，由于无须彼此比较，而是计算与一条固定直线的距离，较大距离的点就没有保留的必要，也就没有必要设立输入数据的容器了，只要有一个保留结果的容器就可以了：

```
for(int n,w=0; cin>>n && n; )
{
  int x1,y1,x2,y2, m=1<<30;               //距离初值故意设得很大
  cin>>x1>>y1>>x2>>y2;
  int A = y2-y1, B = x1-x2, C = y1*x2-x1*y2;
  vector<Point> r;                         //结果向量
  for(int i=1,x,y,k; i<=n && cin>>x>>y; ++i)
  {
    if((k = x*A + y*B + C)<0) k=-k;        //取整型绝对值
    if(k==m)
      r.push_back(Point(x,y));
    else if(k < m){
      r.clear();
      r.push_back(Point(x,y));
      m = k;
    }
  }
  sort(r.begin(), r.end());               //保证输出从小到大,注意使用默认比较函数
  cout<<(w++?"\n":"");
  for(int i=0; i<r.size(); ++i)
    cout<<r[i].x<<" "<<r[i].y<<"\n";
}
```

8.5 第五套实验

□ 本套实验的目的

（1）学习大数乘法的方法。

（2）学习 STL 中的一些算法。

（3）利用模运算的数学规律及位运算特征。

（4）递归求解搜索问题。

8.5.1 大数乘

从题意分析，大数可能大到 200 位，而且还有可能为负数，因此在处理时，不但要考虑正负性，还要考虑结果的位数可能会超过 200 位。

结果的正负性可以通过判断两个数的正负性来解决，并且在做乘法的数字运算时，负号是不参与的，应先将负号去掉。

为了方便乘法运算，可以先将两个大数的顺序都倒过来，然后都从下标 0 开始进行逐

位相乘，做完乘法后，再倒回去。

为了方便输入，大数值放在 string 变量中，以两个 string 变量为参数来调用大数乘法函数，返回乘法的结果也是 string 变量。

对 string 做数字顺序的逆转以及进行子串操作都是方便的，去掉符号和去掉多余的 0 字符都需要子串操作。其具体代码如下：

```
string multi(const string& a, const string& b)
{
  if(a=="0" || b=="0") return "0";
  string aa(a[0]=='-'? a.substr(1) : a);
  string bb(b[0]=='-'? b.substr(1) : b);
  string sign = ((a[0]=='-')+(b[0]=='-')==1 ? "-" : "");
  string s(aa.length() + bb.length(),'0');
  reverse(aa.begin(), aa.end());
  reverse(bb.begin(), bb.end());
  for(int j=0; j<bb.length(); ++j)
  {
    if(bb[j]=='0') continue;
    int temp = 0;
    for(int i=0; i<aa.length(); ++i){
      temp += (aa[i]-'0')*(bb[j]-'0')+(s[j+i]-'0');
      s[j+i] = temp%10+'0';
      temp/=10;
    }
    s[aa.length()+j] += temp;              //最高位的进位,若有的话
  }
  reverse(s.begin(), s.end());
  return sign + s.substr(s.find_first_not_of('0'));
}
```

该算法先将结果串取到最大可能的长度，即两个大数的长度和。

在做完乘法后，逆转顺序，若前面有多余的 0，则去掉前面多余的 0。

具体做乘法运算的是代码中的两重循环，它先按乘数的位进行循环，然后再按被乘数的位进行循环，逐位相乘，注意保留进位。相乘与赋值时，要留意字符与数字的转换。

该代码的局限性在于，大数的长度受到 string 长度的限制，所以最多只能做千位级的运算，若上万位的大数，就要用其他容器了。

有了大数乘法函数，设计调用该函数的循环就容易多了，可以用以下代码：

```
for(string a,b; cin>>a>>b && (a!="0" || b!="0"); )
  cout<<multi(a, b)<<"\n";
```

8.5.2 n!中的 0

n!中 0 的个数，除了尾部的 0 有一些规律外，数字串中间的 0 就不可推测了，还非得计算出整个数值，再逐位数清 0 的个数不可。

然而计算 1 次 n!的工作量是很大的，如果 1000！的计算时间是 0.1 秒，那么，1000 个 1000！就需要 1 分多钟，所以至少必须先将 1000 之内的所有阶乘值都计算出来，然后按输入的整数值再进行数 0 的操作。不过，最好的方法还是先将 1000 以内的所有阶乘值中 0 的个数以表的形式记录下来，然后根据 n 值查表即可。这样，开始时辛苦一点，后面输入处理的速度就能满足题目要求了。见下列代码：

```
const int Factor=1000;
int zeros[Factor], a[2568]={1};          //1000!有2568位
void proc()
{
  double bitNum = 1.0;
  for(int n=2,beg=0,e=0; n<=Factor; ++n)
  {
    e = bitNum += log10(n*1.0);          //n!的位数
    while(a[beg]==0) beg++;              //累计尾部0的个数
    for(int j=beg,and=0; j<e; j++,and/=10)
      a[j] = (and += n*a[j])%10;
    zeros[n] = count(a+beg, a+e, 0) + beg;
  }
}
```

虽然本程序没有维护要求，但是建立常量值 1000 是一个好习惯，目的是便于维护，如果问题改成 2000！内的阶乘中 0 的个数，那么，维护该程序是容易的。数组 a 是根据 1000! 的位数来设定的，该数组其实是局部数据，只用于 proc 函数。proc 函数的功能是制造出 zeros 数组，以便主函数 main 可以用之。

数值 2568 是先进行如下小代码运算而求得的计算结果：

```
//====================================
//求1000!的位数
//====================================
#include<iostream>
#include<cmath>
using namespace std;
//------------------------------------
int main(){
  double bit=1.0;
  for(int i=2; i<=1000; ++i)
    bit += log10(i*1.0);
  cout<<int(bit)<<"\n";
}//===================================
```

有时为了使变量成为常量，控制数据规模，这种方法较为常用。

该函数是在 (n–1)！的现状下计算 n!，一共循环了 999 次。每次循环，先计算尾部 0 的个数 beg，因为 0 值可以免于计算；再计算 n!的位数 e，它是在已知 (n–1)！的位数前提下进行计算的；做完了 n!的计算，直接调用 count 算法计算 n!中 0 的个数，等到下次循环，n! 的值就被 (n+1)！所代替，因此在循环中及时计算求值是要点。

可以想象，有了 proc 的处理过程，设计整个程序应该就没有什么障碍了。

8.5.3 整数模

利用数学定律：

$$(a \times a)\ \%\ m = ((a\ \%\ m) \times (a\ \%\ m))\ \%\ m$$

于是，$a^p\ \%\ m$ 可以进行 p–1 次循环而完成，这是防止在计算的中间过程中溢出的方法，代码为：

```
int aa=a;
for(int i=1; i<=p-1; ++i)
  aa = (aa*(a%m))%m;
```

但是对于一组 a、p、m 数据，其计算量是很大的，不能满足问题的要求。

❑ 方法一

如果能利用：

$$a^p\%m=\begin{cases}((a^{p/2}\ \%m)\times(a^{p/2}\ \%m))\%m, & p\text{ 为偶数}\\((a^{p-1/2}\ \%m)\times(a^{p-1/2}\ \%m)\times(a\%m))\%m, & p\text{ 为奇数}\end{cases}$$

就可以少做许多次乘法和取余运算，代码如下：

```
int module(unsigned a, unsigned p, int m)
{
  if(p==0) return 1;
  if(p%2) return ( a%m * module(a%m, p-1, m) )%m;
  a = module(a%m, p/2, m);
  return a * a % m;
}
```

该函数的递归嵌套次数受制于 p，即嵌套深度为 $\log_2(p)$。由于 p 小于 2^{32}，所以嵌套深度不大于 32 次。该算法不会因为嵌套层次太深而崩溃。

再根据：

$$a^p\ \%\ m = (a\ \%\ m)^p\ \%\ m$$

只要保证第一次调用时，a 的值小于 m，则可以对该递归函数做优化，代码如下：

```
int module(unsigned a, unsigned p, int m)
{
  if(p==0) return 1;
  if(p%2) return a * module(a, p-1, m) % m;
  a = module(a, p/2, m);
  return a * a % m;
}
```

其主函数 main 可以如下设计：

```
int main()
{
```

```
  for(unsigned a,p,m; cin>>a>>p>>m; )
    cout<<module(a%m, p, m)<<"\n";
}
```

❑ 方法二

将 p 看成：

$$p = p_0\times2^0+p_1\times2^1+p_2\times2^2+\cdots+p_{31}\times2^{31}，\quad p_i \text{为整数 p 的二进制位值 1 或 0}$$

则：

$$a^p(a^{p0\times2^0})\times(a^{p1\times2^1})\times\cdots\times(a^{p31\times2^{31}})$$

对每个 a^{2^i} 有：

$$a^{2^i}=a^{2^{(i-1)}}\times a^{2^{(i-1)}}$$

即对于 p_i 为 1 的值，需要对 a^{2^i} 做实质性的乘操作，否则不对其做乘操作。于是设计的循环应让 a 的值不断按指数幂次滚动，并对 p 的位值做判断以决定是否做乘操作，同时对 p 的位数（32）做循环，得到以下代码：

```
int module(unsigned ai, unsigned p, int m)
{
  unsigned t=1;
  for(unsigned a=ai; p; p>>=1, a=a*a%m)
    if(p&1) t = t*a%m;
  return t;
}
```

由于 p_i 即为整数 p 的位值（代码中为 p&1），故通过位运算可以控制循环最多 32 次，且 a 的值总是 2 的幂次方个原始 a 的乘积，它通过前一次的 a 滚动求值（a=a×a%m）而得到，而且经过模运算后，a 的值总是小于 m，不会引起溢出。

当 p_i 为 1 时，将该对应的 a 值与 t 相乘，并取模，以保证不会溢出。循环结束后，t 的值即 a^p 取 m 的模。

这样的设计，不管 a 与 p 的值如何，其算法都会在不大于 32 次循环下结束，免去了递归结构的开销。该算法比递归算法稍优。它们都能很好地满足问题求解的要求。

需要注意的是，根据 a 与 p 的范围，应取 unsigned int 类型。

对于表达式：

```
t = t * a % m;
```

不能写成：

```
t *= a % m;
```

因为实际上该表达式是表示：

```
t = (t*a)%m;
```

而不是：

```
t = t*(a%m);
```

同理，a=a*a%m 不能写成 a*=a%m。

8.5.4 k 个胜利者

参考主教材第 11 章的内容。

8.5.5 表达式个数

该实验在算法设计上有一个策略性的考虑：

对于每个 N 和 M，都会有许多可能的表达式计算，需要一个一个去尝试，+、– 符号对于 N 等于最大值 13 时，将可能达到 4096 种表达式。如果对逐个表达式进行尝试，那就不能满足性能要求了。因为输入数据描述，总是给人一种感觉，运算速度不能由于输入数据值的特殊性而受到影响。因此，我们考虑先将所有可能的结果都先计算出来，存放在容器中。

根据该数据的特点，每个 N 与 M 的不同组合，都会有一个对应值，因此是一种二维向量。但是第一维 N 的值在从 1 变化到 13 时，其第二维的元素个数有比较大的差异。N 为 1 时，M 从 0 到 1，其元素的个数为 2；而 N 为 13 时，M 从 0 到 91，其元素个数为 92。

有两种比较普通的实现方法。

一种是用向量来存储表达式的个数，充分利用二维向量中每个元素（一维向量）可以为不同长度的向量这个特点，代码如下：

```
vector<vector<int> > va(13);
for(int N=0; N<13; ++N)
{
  vector<int> v((N+1)*(N+2)/2+1);                //根据N,获得可能的M值
  for(int M=0; M<=(N+1)*(N+2)/2; ++M)
  {
    int num = 0;
    for(int i=0; i<1<<N; ++i)                    //计算表达式个数
    {
      int sum = 1;
      for(int j=2; j<=N+1; ++j)                  //计算一个表达式
        sum += (i>>N+1-j&1 ? -j : j);
      num += (sum==M);                           //累计表达式个数
    }
    v[M] = num;                                  //对应N的所有M值
  }
  va[N] = v;
}
```

求出了二维向量，根据不同的 N 和 M，得到结果便很简单了：

```
for(int N,M; cin>>N>>M; )
{
    if(va[N-1][M]) cout<<va[N-1][M]<<"\n";
    else cout<<"NO\n";
}
```

另一种是用 map，即将 N 与 M 的信息做成一个用来索引的关键字值，与表达式个数一

一对应。这实际上是一种 hash 技术（☞《数据结构——C++与面向对象的途径（修订版）》第 10 章“散列结构”）的灵活运用。

用 map 表示表达式的个数，无须将所有对应 N、M 的表达式个数为 0 的值塞入容器中，以减少数据占用量：

```
map<int, int> ma;
for(int N=1; N<=13; ++N)
for(int M=0; M<=N*(N+1)/2; ++M)
{
  int num = 0;
  for(int i=0; i<1<<N-1; ++i)              //计算表达式个数
  {
    int sum = 1;
    for(int j=2; j<=N; ++j)                //计算表达式的值
      sum += (i>>N-j&1 ? -j : j);
    num += (sum==M);
  }
  if(num) ma[N*100+M] = num;               //以N、M的组合为关键字，将非0值存入
}
```

对应某一 N 值，应该有 N(N+1)/2 个可能的 M 值，同时有 2^{N-1} 个不同的表达式。因为有 N–1 个操作符，每个操作符或为“+”或为“–”。

上述两种方法的主代码，即求各个不同的表达式个数均采用了一种位操作技术（☞主教材第 4.5.2 节），来遍历所有可能的+、– 操作符排列，从而获得不同的表达式以求值。

只要 map 容器建立起来了，任何 N、M 的组值都可以通过二分法查找快速获得：

```
for(int N,M; cin>>N>>M; )
{
  if(ma.find(N*100+M)!=ma.end()) cout<<ma[N*100+M]<<"\n";
  else cout<<"NO\n";
}
```

第三部分　设计与组织

本部分的学习目标是从操作层面上学习程序的设计与组织，理解对象化编程和面向对象编程的方法。

编程不能停留在小规模编程上，要弄清大程序怎么编，程序如何组织，要了解 C++语言是从什么角度来解决编程结构问题的。要掌握内存布局的作用，函数驱动机制，递归调用的实现原理，还有预编译指令的过渡性作用，一些如名空间、作用域和函数重载等内在技术的支撑，类机制对大型编程的支持，从中了解程序运行的特点。还要从程序运行结构来了解程序组织的特点。多文件编译，头文件界面，甚至多种编译和编程目标都有什么作用。所有这些编程的内容都将会构成今后自学的理解要素。

特别值得注意的是，类机制中的许多技术内容，在强调分析、解决小规模问题求解的第一和第二部分中很少涉及。但是，从编程质量，即从程序的可读性、合理性、可维护性和可扩展性的角度，需要了解更大规模的程序应如何组织，才能既不失程序的优雅、易构、易懂，又能很好地保持运行性能。从类的封装，即从抽象数据类型所带来的好处，到类的继承，实现虚函数所表现的多态，所带来的面向对象编程的好处，一直到采用模板的方法对许多互不相关的类或类系之间的编程，随之而来的体系化错误处理的优雅的异常模式，这些之所以成为体系化的学习内容，都迫切需要了解。然而，大规模编程还将会涉及许多目前还没有学过的技术。目前还没有展开数据结构技术的学习，还没有展开系统化的面向对象分析设计技术的学习，还没有展开软件方法和软件工程技术的学习，所以，也无法综合地解剖大型编程实例。但可以通过解剖一些适当规模的小型多文件项目，来理解大规模编程的框架结构。

本部分的学习，更多的是要了解各种设计方法的区别，看透 C++程序结构的本质，从而借助于语言的类机制，学习抽象地描述设计方案、算法流程，甚至代码设计；通过实验，学习对象化编程、面向对象编程、模板编程；初步理解主教材的内容，同时欣赏 C++的经典“名著”。

第9章　实验概述

9.1　实验目标

□ 总体目标

本章目标是理解各种程序设计方法的程序结构，掌握程序文件的划分和组织方法，学习直接用编程语言描述算法和逻辑设计，了解进一步编程学习的步骤和内容，掌握自学算法设计与应用开发的方法。

（1）掌握从上到下的程序结构设计，把握以主函数为驱动，层层调用其他函数的框架结构，理解语言特有的函数驱动模块组织。

（2）熟悉类型设计和类型实现的模块结构，熟悉自定义类型嵌入应用程序的基本方法。

（3）掌握界面设计的原理，学会编制作为界面的头文件。

（4）合理组织程序中各个模块，大小适宜，功能聚集，模块独立。

（5）掌握多文件程序结构的开发方法，熟练操作代码文件的添加、移除、路径设置以及头文件和数据文件的创建方法。

（6）进一步积累编译与调试经验，理解编译单元，断点设置。

□ 具体目标

（1）学习程序组织。

本部分内容主要面向编程组织与编程方法，让读者了解和掌握如何对程序进行合理的布局与结构划分。编程方法决定程序结构的形式，因此，学会程序组织的不同形式，即可从实践环节上看透了各种编程方法的差异与联系。

目前大部分涉及的编程都是基于对象的编程，也就是支持自定义类型（从而可以产生类对象）的过程化编程，因此在结构上，它是过程化的，是主函数驱动其他函数的组织形式。即使在类的实现中，也是其中的成员函数去驱动其他普通函数或其他类的成员函数。这是一种自顶向下的函数控制结构，在编程中首先确定程序应分几大部分，大部分中要分几小部分，小部分中又分几个功能（函数）等。其实所有这些大部分、小部分、功能，甚至程序本身，它们在系统框架中都是其中的组成部分，都是一个个大大小小的模块而已，就像一个产品中的零部件，有些零部件自身可能含有更小的零部件。

在编制程序代码过程中，可能会用到类体系，由继承机制来操控，涉及多态。这时就会使用虚函数或模板，C++系统的资源提供了一些，我们自己还可以构造一些。总之，是扎扎实实地积累一些编程组织的经验，为以后开发真正的大程序打下基础。

（2）熟悉不同的程序组织形式。

由驱动类型来分，可以是手工通过菜单驱动不同的处理过程，例如 11.2 节“实验二”的日期处理；也可以通过识别输入数据的不同，驱动不同的处理过程，例如第 11.1 节“实验一”的大整数处理和第 11.3 节“实验三”的小计算器。

由功能的组织形式来分，可以分为过程组织与类型组织。过程组织是将功能实现为一个个的函数，然后由主函数去调用，例如第 11.3 节的计算器过程版；类型组织是将功能实现为类型，例如第 11.1 节的大整数型与第 11.2 节的日期型，然后由主函数创建若干对象，由对象来驱动其成员函数。

也有在程序中兼有过程组织和类型组织，例如在第 11.4 节“实验四”中，由编译器类型组织语言类型，但是在处理表达式中，却以过程调用的形式展开识别工作。也肯定有在程序中兼有手工驱动和数据驱动的混合形式。

总之，程序可以表示或分解为一组功能群，该功能群可以是一种或几种对象的操作，将其对应到若干类上，就可以做出支持对象的抽象操作集合，从而来简化上层的编程。

在分解功能群的同时，也是在分离数据，使之彼此独立，便于运行中职责分明，以便于维护。这就自然将编程设计引向基于对象和面向对象，诱使程序员尽量分离出类和类体系。

（3）代码组织。

将一组功能相近的函数或同一类中成员编制为一个程序文件单位，以便于管理。例如，设计自定义类型时，总是将该类型的定义设计为一个头文件，将该类型内部的成员函数设计为另一个文件，即类型的实现文件，它的扩展名为.cpp。

也可以将一组功能相近的函数写在一起，构成独立的代码文件，例如，加、减、乘、除四则运算的实现过程。在第 11.3 节“实验三”中，组织为一个代码文件，由主驱动程序文件来调用。每个提供独立功能的代码文件（扩展名为.cpp）都有自己的界面文件（头文件）。以界面文件示人，使其他的编程有据可依；提供实现文件，使其他代码可以运行。

有了头文件和实现文件这种结构，一旦不需要这些功能块时，只要简单地去掉所包含的头文件即可，实现了“拆卸自如”。同样，当需要某一额外功能时，只要简单地包含其相关的头文件即可。只要所提供的集成功能已经调试正确，就使新的编程工作依赖于这些模块而简化了。

当需要维护时，也能视其功能，马上找到修改的位置，简单地扩充和修改。

因此，这是一种很好的编程练习，本部分的实验就是围绕这些练习而展开的。

❑ 几个难点

（1）如何划分问题的功能边界，如何将功能集分类和封装，以尽显独立处理数据、维护方便的能力。

这是一种只有靠实践才能慢慢培养出来的能力，对于一个具体的问题，它的具体哪些要求构成了处理集合，反映了解决该问题的功能群，由功能群再来归类划分为一个具体的

类。划分出来的功能群之间是有关系的，例如，加、减、乘、除操作，它们便可以设计为一个独立的类。

（2）如何将功能集合设计成为类（class），以使类能够协调地工作。

这部分工作是类的设计。它需要 C++关于类的知识，访问权限的规定有什么区别，成员函数的参数类型、返回类型、常量性、引用性的规定有什么作用，构造函数如何定义，为什么要用友元，如何定义操作符，特别是赋值、比较和小于操作，成员操作符与非成员操作符有什么区别，如何继承，抽象类如何设计，虚函数如何写，静态成员如何用，常成员与枚举成员有什么差别等，都是类设计中需要面对的问题。

（3）如何组织程序，在界面的帮助下充分体现类的封装优点。

类设计中包含头文件和实现文件，头文件充当应用界面，实现文件支撑程序的链接。在代码文件中包含头文件，在项目中包含代码文件，就能在诸多代码文件的调试过程中较容易地定位到产生错误的位置，从而修改相应的模块。

9.2 实验步骤

❑ 问题分解与设计

对于问题分解，应划分出类型，以及程序中对类型的依赖和使用关系。由于问题要求不同，有些问题虽然可以用自定义类型来解决，但是并不是必需的；有些问题虽然简单，但要求用自定义类型的方法来解决。

作为分解与设计的结果，应用框线图描述总体和类型的数据和操作。所谓框线，是指结构图中的方框和彼此联系的箭头，用来简单描述各个功能块之间的联系。

对于规模复杂的问题，其分解就不是那么容易了，一般需要学习系统分析与设计，以专门分解对象实体，构造一张对象之间相互依赖、相互独立的关系网；学习算法与数据结构，以专门分离与布局问题描述中的过程与数据；学习数据库技术，以专门对输入输出数据进行存储及处理。

这部分的实验是通过对简单问题提出解决和设计方案，培养对设计的感性认识和经验积累，以便能够尽可能快地接受系统分析设计技术。

❑ 代码文件设计

设计完成后，就有了各个功能模块。针对每个类，对应设计为一个头文件（.h）和一个实现文件（.cpp）。如果类很简单，例如异常类，则可以将其实现包含在头文件中，无须单独设计文件（.cpp）来实现。

同时还应编写包含主函数（main）的应用程序代码（.cpp）。

❑ 项目操作

将所设计的代码文件放入项目中。代码设计可以在项目操作中完成，边建立代码文件边输入文件内容。如果先前操作项目管理来调试程序的步骤比较规范，那么，这里的项目

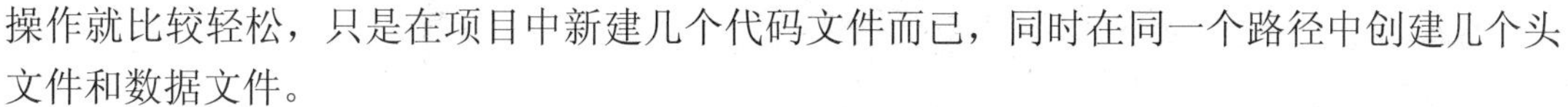

操作就比较轻松，只是在项目中新建几个代码文件而已，同时在同一个路径中创建几个头文件和数据文件。

□ 代码编译

每个代码文件（.cpp）都应该独立编译通过，然后再综合调试。一个自定义的类型，独立通过编译意味着所包含的头文件也通过了编译。因为编译时，首先要进行“#include 文件”的预编译，然后跟着实现文件一起进行语法检查。而头文件（.h）自身是无法独立编译的。

□ 样本数据调试

在通过了各个代码文件的编译以及项目链接后，运行并粘贴样本输入数据，观察简单的运行结果，以确定程序基本达到可以进一步测试的状态。

□ 编制测试数据

测试数据是根据输入描述，手工编辑数据文件，或编写数据生成代码，通过程序运行来获得。

手工编制时，需要注意输入数据描述中的边界，所编制的数据要有代表性，各种边界的数据都应该包括在内，同时要有一定的数据规模。

代码生成编制测试数据时，应尽量达到输入数据描述的最大规模，在数值范围内产生随机数，并且应尽可能将样本数据的内容包括在测试数据中，便于再次调试时观测。同时，为了规范，输入与输出数据文件的名字应统一。

□ 测试数据调试

测试数据调试要解决两个问题，一个是正确性如何，另一个是强度如何，也就是说，必须像前面的实验一样。只不过这里的实验还得要依次测试每个功能块处理数据的正确性及性能。很有必要建立数据文件，在程序中创建数据文件流进行数据读写，或标准输入输出重定向到数据文件，进行数据读写。也许在这个过程中，会发生代码处理方式的修改，因为文件输入与标准输入在结束状态的判断上略有差别。

9.3 实验报告

实验报告应以电子文档的形式整理，部分内容应提供书面形式。

□ 设计报告

设计报告应对问题的解决方案进行描述。设计中包括几个模块，模块中的功能如何，模块之间的相互关系如何，用设计图及其设计说明来描述，应以书面文档的形式提供。除了解决方案之外，还包括实验过程中如何解决一些技术难点的体会和过程，以及对实验教学的看法和建议。

□ 代码设计说明

根据模块关系设计出的每个代码文件，如果其中的一些算法比较复杂，需要加以说明。每个类都有相应的头文件和实现文件，还要包括电子文档和书面文档的文件清单。

□ 测试数据

对本问题的解决，采用了什么测试数据，以电子文档的形式保存。

□ 样板实验报告文档清单

例如：某学生提交的第 11.3 节“实验三”电子稿清单为：

200603100212 张国华-实验三.rar——反映学号姓名及实验序号的压缩文件名

内含：

```
calculator.doc   ----设计与实验报告
in.txt           ----测试输入数据
out.txt          ----测试输出数据
calculator.cpp   ----主驱动程序代码
myExcept.h       ----异常类体系及实现文件
token.cpp        ----词法类实现文件
token.h          ----词法类定义文件
```

第 10 章　样板实验

10.1　实验题目

□ 基本描述

有一些整数，其位数可能上百位。

在功能上要对这些整数做加、减、乘、除运算。

在程序组织上应体现更多的可读性和可维护性。

合理设计代码。

□ 输入描述

输入数据有若干组数据，每组数据由一个运算符（+、–、*、/）和两个整数构成，整数的范围在-10^{150}～10^{150}，如果运算符遇到'@'，则表示运行结束。

□ 输出描述

对于每组数据，输出其运算序号和运算结果，其中'/'为整除运算。每个结果单独成行。

如果运算结果超过 200 位，则应输出“Too Large Number.”。

如果所输入的运算符不是上述四种之一，则输出“Illegal Operator.”，并跳过后续的两个操作数。

如果除数为 0，则应输出“Divide By Zero.”。

□ 样本输入

```
/
100 0
/
19 6
*
12 21
@
```

□ 样本输出

```
1 Divide By Zero.
2 3
3 252
```

10.2 分析设计

□ 头文件设计

本部分的问题求解要求需要从程序组织上把握。

为了满足问题求解，必须先实现+、–、*、/ 这四项运算功能。每项功能描述都涉及输入参数和返回结果。由于大整数无法用内部数据类型来描述，所以方法之一是用 string 类型来表示整数，设置四种算术操作，如 BigInt.h 的内容所示：

```
//=====================================
//BigInt.h
//=====================================
#include<string>
using namespace std;
const int BYTENUM = 200;
string mul(const string& a, const string& b);
string add(const string& a, const string& b);
string sub(const string& a, const string& b);
string div(const string& a, const string& b);
```

在代码中限制 200 字符长度的运算结果与该大整数的类型有关，所以也放在该头文件中说明。

□ 主控制设计

接下来要考虑处理主控框架，即逐项读入运算符，并判断其是否为'@'，作为程序运行是否结束的标志。在做乘法运算时，需要关注其结果长度是否超过 200 位，在做除法运算之前要关注除数是否为 0。其代码如 BigIntApp.cpp 所示：

```
//=====================================
//大整数加、减、乘、整除 字串版
//BigIntApp.cpp
//=====================================
#include"BigInt.h"
#include<iostream>
using namespace std;
//-------------------------------------
int main(){
  char ch;
  for(string a,b; cin>>ch && ch!='@'; ){
    cin>>a>>b;
    switch(ch){
      case'-': cout<<sub(a, b)<<"\n";
```

```
            break;
      case'+': cout<<add(a, b)<<"\n";
            break;
      case'*': string c = mul(a, b);
            if( c.length() > BYTENUM )
              cout<<"Too Large Number.\n";
            else
              cout<<c<<"\n";
            break;
      case'/': if( b!="0" )
              cout<<div(a, b)<<"\n";
            else
              cout<<"Divide By Zero.\n";
            break;
      default: cout<<"Illegal Operator.\n";
    }
  }
}//======================================
```

既然错误返回的也是 string 类型的字串，如除数为 0 操作可以如下编写：

```
string div(const string& a, const string& b)
{
  if(b=="0") return "Divide By Zero.";
  else 计算并返回a/b的值
}
```

那么，为什么不能让加、减、乘、除操作去判断和返回结果字串，而使主控程序写成下面更简洁的模样呢？代码如下所示：

```
//======================================
//大整数加、减、乘、整除
//======================================
#include"BigInt.h"
#include<iostream>
using namespace std;
//--------------------------------------
int main(){
  char ch;
  for(string a,b; cin>>ch && ch!='@'; ){
    cin>>a>>b;
    switch(ch){
      case'-': cout<<sub(a, b)<<"\n"; break;
      case'+': cout<<add(a, b)<<"\n"; break;
      case'*': cout<<mul(a, b)<<"\n"; break;
      case'/': cout<<div(a, b)<<"\n"; break;
      default: cout<<"Illegal Operator.\n";
    }
  }
}//======================================
```

因为从意义上说，函数返回值是一种可计算的量，也许要参与表达式的计算，如：

```
cout<<mul(add(a,b),div(c,d));
```

错误返回的虽然也是 string 类型的字串，但是它不能再参与计算了。所以，错误返回的情形一出现，就失去了再计算的能力，而使其他的计算描述受到限制。对于错误处理，本身就是凌驾于具体处理之上的控制层操作，一旦发生错误，计算将在上层被中止，所以应将其放在主控模块中。

处理框架写好后，还要先将测试数据准备好，然后就可以对该模块进行调试了，只要将加、减、乘、除这四个函数分别返回“+”“-”“*”“/”这样的指定信息，就能辨别框架程序运行得正常与否，即：

```
string mul(const string& a, const string& b){ return "+\n"; }
string add(const string& a, const string& b){ return "-\n"; }
string sub(const string& a, const string& b){ return "*\n"; }
string div(const string& a, const string& b){ return "/\n"; }
```

这种先设计上层，再细化功能的做法称为“从上到下”的方法。从上到下方法的特点是在不知道细节的前提下仍可以把握程序大框架的逻辑设计。这也是软件设计的主流设计方法，因为软件规模越来越大，越来越需要从整体或总体上去把握系统的结构。

□ 功能细节设计

本模块的设计，先从功能上把握具体的加、减、乘、除算术运算的实现。这四种运算作为四则运算的整体功能实现时，最好放在一个模块（BigInt.cpp）中，如果有其他计算任务，更多的情况是这四个运算一起加入或一起撤离。为了使该四则运算适用于更多的其他任务，需要独立于主控制框架，这也就是设计一个提供该功能操作的头文件的原因，也是没有将该四则运算定义到框架处理中合成一个程序文件的原因。

四则运算放在一起设计，还可以避免重复设计，因为中间有些共同的过程可以提炼出来共享。大体上来说，减法是将减数符号反一下之后，进行加法运算；在加法中，如果两个数不同号，则要用到加数与被加数的大小判断，以确定大者减去小者的操作，而且加法和减法都可能要进行实质性的按位加或按位减操作，于是可以将按位加和按位减提炼出来，作为模块中全局函数而共享；除法也要用到按位减，并且为了排除被除数小于除数的情况，也要用到两个数的大小判断，其设计的功能结构如图 10-1 所示。

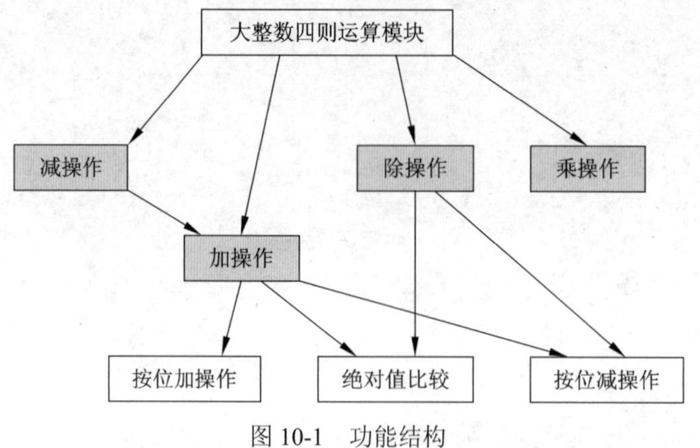

图 10-1　功能结构

图 10-1 中加黑的框表示公共界面，在头文件中提供，细框表示模块内部的共享功能。因此，函数声明时用 static 修饰，而且也不在头文件中列出。代码 BigInt.cpp 如下：

```
//======================================
//大整数的加、减、乘、整除
//BigInt.cpp —— 字串版
//======================================
#include"BigInt.h"
//--------------------------------------
static void adding(string& a, const string& b);      //做按位加a+=b
static void complement(string& s);                   //取补
static bool absLessThan(const string& a, const string& b);  //判断a<b
static void substract(string& a, const string& b);  //假定a>b，做按位减
//--------------------------------------
//加减法中，先将大整数转换成定长的十进制补码，运算完后若为负数再取补
string add(const string& a, const string& b){
  //操作数其中之一为0则免做运算
  if(a[0]=='0') return b;
  if(b[0]=='0') return a;
  //将a转换成补码aa
  string aa (a[0]=='-'? a.substr(1)  : a );
  aa = string (BYTENUM - aa.length(),  '0') + aa;
  if  (a[0]=='-') complement ( aa );
  //将b转换成补码bb
  string bb( b[0]=='-' ? b.substr(1) : b );
  bb = string(BYTENUM - bb.length(), '0') + bb;
  if(b[0]=='-') complement( bb );
  //简单按位加
  adding(aa, bb);
  //若为负数则取补
  string sign;
  if(aa[0]=='9'){
    complement(aa);
    sign = "-";
  }
  //滤去大整数的前导0
  int pos = aa.find_first_not_of('0');
  if(pos==string::npos)
    return "0";
  else
    return sign+aa.substr(pos);
}//--------------------------------------
//将减法看成是加上一个负数
string sub(const string& a, const string& b){
  return add( a, (b[0]=='-' ? b.substr(1)  : '-'+b ));
}//--------------------------------------
string mul(const string& a, const string& b){
```

```
  if(a[0]=='0' || b[0]=='0') return "0";               //其中之一为0则免运算
  string aa(a[0]=='-' ? a.substr(1) : a);              //a脱去符号为aa
  aa = string(BYTENUM - aa.length(), '0') + aa;
  string bb(b[0]=='-' ? b.substr(1) : b);              //b脱去符号为bb
  string s(BYTENUM, '0');                              //结果初值
  for(int j=bb.length()-1; j>=0; --j)
  for(int temp=0, i=aa.length()-1, k=s.length()-bb.length()+j; bb[j]!='0'
  && i>=0; --i,--k){
    temp += (aa[i]-'0')*(bb[j]-'0') + s[k]-'0';
    s[k] = char(temp%10+'0');
    temp/=10;
  }
  // 滤去前导0，加上符号
  int pos = s.find_first_not_of('0');
  if(pos!=string::npos) s = s.substr(pos);
  return ((a[0]=='-')+(b[0]=='-')==1 ? '-'+s : s);
}//-----------------------------------
string div(const string& a, const string& b){
  string sign=((a[0]=='-')+(b[0]=='-')==1 ? "-":"");    //取符号
  string aa(a[0]=='-' ? a.substr(1) : a);                //a脱去符号为aa
  string bb(b[0]=='-' ? b.substr(1) : b);                //b脱去符号为bb
  if(absLessThan(aa, bb)) return "0";                    //若aa<bb则结果为0
  string s;                                              //结果初值
  string y(aa.substr(0, bb.length()-1));
  for(int i=bb.length()-1; i<aa.length(); ++i){
    y += aa[i];
    int count=0;
    for( ; !absLessThan( y, bb ); count++)
      substract( y, bb );
    s += char(count+'0');
  }
  // 滤去前导0，加上符号
  int pos = s.find_first_not_of('0');
  if(pos!=string::npos) s = s.substr(pos);
  return sign+s;
}//-----------------------------------
void adding(string& a, const string& b){
  for(int i=a.length()-1,tmp=0; i>=0; --i,tmp /= 10 ){
    tmp += a[i]-'0' + b[i]-'0';
    a[i] = char(tmp%10+'0');
  }
}//-----------------------------------
void complement(string& s){
  int pos = s.find_last_not_of('0');          //pos不可能找不到
  s[pos]--;                                   //预做取补中的加1
  for(int i=0; i<=pos; ++i)                   //取反
    s[i] = '9' - s[i]+'0';
}//-----------------------------------
```

```
bool absLessThan(const string& a, const string& b){
  return a.length()<b.length() || a.length()==b.length() && a<b;
}//------------------------------------
void substract(string& a, const string& b){
  if(a==b){ a=""; return; }          //相等则免做运算
  for(int i=1, bi=b.length()-i,ai=a.length()-i; i<=b.length(); ++i,ai--,bi--)
    if((a[ai]-=(b[bi]-'0'))<'0')
      a[ai]+=10, a[ai-1]--;
  //滤去前导0
  int pos = a.find_first_not_of('0');
  if(pos!=string::npos) a = a.substr(pos);
}//------------------------------------
```

❑ 代码文件组织

编译器从过去到现在，都支持工程开发，也就是说，一个程序工程可以包含若干代码文件。本四则运算的程序文件组织见图 10-2。

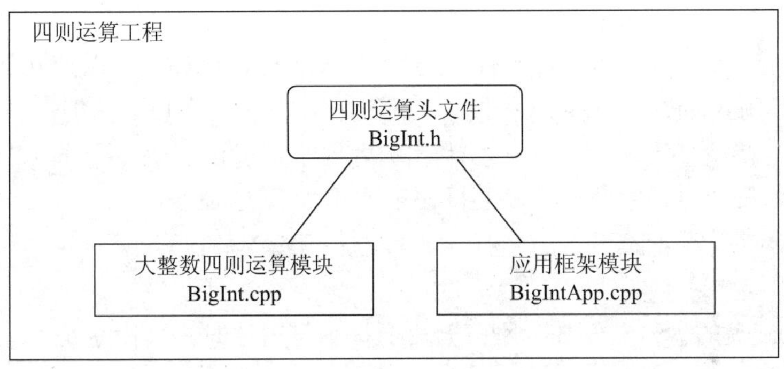

图 10-2　四则运算的程序文件组织

图 10-2 中表示本工程是用两个代码文件拼成一个完整的程序，而四则运算头文件则给这两个代码文件提供了界面，在整个工程制作过程中也不可缺少。

因此，加、减、乘、除操作虽然可以四个过程分别定义，但是在实现中，应作为一个程序文件独立地体现其整体的四则运算功能，然后通过头文件把该功能传播出去，作为可重用模块供其他开发者使用。

将具体的细节功能（四则运算）从框架处理中分离，既可以独立于当前的应用，又不影响系统的整体性，并有助于系统的维护，体现了结构化思想。

作为重用目的，也只有将代码从应用中分离，成为独立的四则运算模块，才可以被其他任何应用代码共享。

作为一个独立的模块，还可以在真正投入应用前，进行单独测试。

10.3　工程操作

在代码设计中含有一个自定义类 BigInt，它包含一个头文件（BigInt.h）和一个实现文件（BigInt.cpp），再加上应用程序文件（BigIntApp.cpp）。

对于所创建的工程，应将两个.cpp文件添加到工程中（☞A.2“挂接与脱钩程序文件”）。

注意：不要将头文件添加到工程中，只要保证头文件在工程路径中即可。因为头文件不是编译单位，不直接进行编译和链接，只是在代码编译过程中，接受包含操作，被动进行语法检查。可以在工程环境中创建或打开头文件进行编辑，然后存放在工程所在的路径下即可。

可以切换到任何一个编辑窗口，查看和编辑代码文件，同时可以对单独的每个.cpp文件进行编译。如果每个.cpp代码文件都通过了编译，则可以进行链接操作，以产生可执行文件（.exe）。接下来要做的便是调试工作了。

10.4 独立运行

由于C++的开发环境都是利用异常处理来进行窗口切换和系统跳转的，所以，在工程中用户自己代码中的异常处理便会在调试中被一视同仁地“踢”出来，而终止程序的运行。读者可以根据提示，按回车键继续调试运行，但是总归不能连续地看到运行的整体情况。

在完成链接工作以后，可执行文件（.exe）已经生成，该程序可以独立于开发环境而独立运行。因为所开发的是console（控制台）应用程序工程，所以，只能在Windows的命令提示符（控制台环境）下运行。选择“开始|所有程序|附件|命令提示符”。

在命令提示符中运行程序时，需要操作以下几个DOS命令。

注意：黑体字符是系统显示的字符，非黑体表示输入的内容。

- [disk]:↙

[disk]是指硬盘的盘号。例如，刚打开命令提示符窗口时，其内容是：

```
Microsoft Windows XP [版本 XXXXXXXX]
(C) 版权所有 1985-2001 Microsoft Corp.

C:\Documents and Settings\user>
```

在光标位置输入：f:↙

便会到达另一个状态：

```
C:\Documents and Settings\user>f:↙
F:\>
```

- cd [path]↙

[path]是指路径，cd是change directory。例如，要转到qn子目录中，可以输入：

```
F:\>cd qn↙
F:\qn>
```

如果是子目录嵌套，只要再操作cd命令即可。如果要退出一层子目录，只要输入“cd ..↙”即可。例如：

```
F:\qn>cd ..↙
F:\>
```

• dir↙

查看子目录下的文件名清单，包括子目录清单。例如：

```
F:\qn\sample>dir↙
驱动器 F 中的卷没有标签。
卷的序列号是 DBFA-0927

F:\qn\sample 的目录

2006-10-14  20:40    <DIR>          .
2006-10-14  20:40    <DIR>          ..
2007-02-02  11:25               700 BigIntGene.cpp
2007-01-30  14:32            97,757 in.txt
2007-02-02  10:34            59,161 out.txt
2007-02-21  09:19               338 Unit1.cpp
2007-02-21  09:23             3,523 BigInt.cpp
2007-02-21  09:24             1,037 BigIntApp.cpp
2007-2-21   09:24            45,056 Project1.exe
2007-02-21  09:25               422 BigInt.h
               8 个文件        207,994 字节
               2 个目录 34,541,174,784 可用字节

F:\qn\sample>
```

在查看到文件清单中有可执行文件 project1.exe，于是输入该名字即可运行该程序。

第 11 章　实验内容

11.1　实验一

本实验为大整数运算・字串对象版。

❑ 基本描述

有一些整数，其位数可能上百位。

在功能上要对这些整数做加、减、乘、整除以及取余运算。

在程序组织上要求通过**大整数类型**的设计，来体现更好的可读性和可维护性，并且对错误采用异常方法处理。

❑ 输入描述

输入数据有若干组数据，每组数据由一个运算符（+、–、*、/、%）和两个整数构成，整数的范围在-10^{150}～10^{150}，如果运算符遇到'@'，则表示运行结束。

❑ 输出描述

对于每组数据，输出其运算序号和运算结果，其中的'/'为整除运算。每个结果单独成行。

如果运算结果超过 200 位，则应输出"Too Large Number."。

如果输入整数为空，或有前导 0，则应输出"Illegal Number."。

如果输入符号不是上述的五种运算符之一，则应输出"Illegal Operator."，并在输入操作上，应跳过后续的两个操作数。

如果除数为 0，则应输出"Divide By Zero."。

❑ 样本输入

```
/
100 0
/
19 6
*
```

```
12 21
@
```

❑ 样本输出

```
1 Divide By Zero.
2 3
3 252
```

11.2 实验二

本实验为日期处理。

❑ 基本描述

有许多日期处理的工作要做。

(1) 统计天数。

旅游公司要统计每个人出差在外的总天数，现有每个人出差在外的出发和返回的时间，给定一些日期区间，将其所有的天数统计出来。

(2) 推排日期。

旅游公司要估算某导游何时可以接受下一次任务，便列出了一张当前导游们还需要几天才能将手头工作完成的清单，按接受任务的早晚列出导游名字和可以接受任务的日期。

(3) 确定天数。

某月某日是个重要的旅游旺日，为了准备迎接这个日子，需要知道该日子距离现在还有几天，以便进行倒计时。

(4) 星期几。

某个日子是星期几，这是首先应该知道的，甚至是几年以后的某一天也不例外。

(5) 安排会议。

会议议程横跨某个时间区间，但是已经有一些日子安排了其他工作，需要在没有被安排的时间段中，找出最适合开会的时间。

为了使开会时间最大限度地避开其他占用的时间（包括休假），会议安排应选择尽可能长的未安排时间区段，并且从中间划出开会区段。如果最长的未安排区段有多个，则应尽早安排会议，所以如果两边间隔不对称，则也应取靠前安排。这就是所谓最适合开会的时间。

编程将这几个功能串在一起，用一个菜单驱动。

❑ 输入描述

(1) 统计天数。

输入含有若干组数据，每组数据包括名字、日期和出发（Out）或返回（Back）的标记。名字长度区间为[1,10]，日期为合法的 YYYY-MM-DD 格式的日期。对于某个人来说，出发与返回的日期成对出现，先出发后返回，出发与返回的日期区间也不交叉。

（2）推排日期。

第 1 行为当前日期（YYYY-MM-DD），以后为每个导游名字(长度区间为[1,10])以及完成当前工作所需要的天数 n(0≤n<1000)。

（3）确定天数。

第 1 行为当前日期（YYYY-MM-DD），后面有若干行日期，分别表示各个节日名称（没有空格隔开的字串）和日期（YYYY-MM-DD）。

（4）星期几。

输入有若干日期（YYYY-MM-DD），日期之间以空格或回车符隔开。

（5）安排会议。

第 1 行为两个日期和一个整数，表示会议安排只能是这个日期区段中的某个子集，整数表示会议需要的天数。

接着若干行中每行用两个日期（YYYY-MM-DD）表示时间区间，那都是已经有了其他安排的日期，如果行中只有一个日期，说明该时间区段只包含一天。

❑ 输出描述

（1）统计天数。

按名字字典序输出，输出其名字和合计天数，每个人的数据占一行。名字按 10 位的宽度并且左对齐，而合计天数按 5 位的宽度并且右对齐。在开始输出之前，首先输出一行“统计天数”。

（2）推排日期。

按完成工作的先后顺序排列，如果完成工作日期相同，则按名字的字典序排列。每个人的信息占一行，名字按宽度 11 个字符左对齐。在开始输出之前，首先输出一行“推排日期”。

（3）确定天数。

按节日距离当前日期的远近排列，近者靠前。若两个日期一样，则按字典序排列。每个节日名称与天数列一行，节日名称与天数之间空一行。在开始输出之前，首先输出一行“确定天数”。

（4）星期几。

输出每个日期所对应的是星期几，星期几以三位英文缩写字母表示，每个日期占一行。在开始输出之前，首先输出一行“星期几”。

（5）安排会议。

要从未被安排的日期区段中寻找最适合开会的时间，输出该日期（MM-DD-YYYY）。在开始输出之前，首先输出一行“安排会议”。

❑ 样本输入

（1）统计天数。

```
Jone 2005-08-09 Out
Smith 2005-10-23 Out
```

```
Jone 2005-08-15 Back
Smith 2005-12-01 Back
```

（2）推排日期。

```
2006-10-22
Jone 12
Smith 3
```

（3）确定天数。

```
2006-12-22
Labour Day  2007-05-01
New Year 2007-01-01
```

（4）星期几。

```
2006-10-22
2006-11-22
```

（5）安排会议。

```
2006-10-23 2006-12-24 5
2006-10-27 2006-11-02
2006-11-06 2006-11-07
2006-11-14 2006-11-19
2006-11-21
2006-11-29 2006-12-09
2006-12-14 2006-12-20
```

☐ 样本输出

（1）统计天数。

```
统计天数
Jone          7
Smith        40
```

（2）推排日期。

```
推排日期
Smith      2006-10-25
Jone       2006-11-03
```

（3）确定天数。

```
确定天数
New Year 10
Labour Day 130
```

（4）星期几。

```
星期几
Sun.
```

```
Wed.
```

（5）安排会议。

```
安排会议
11-23-2006
```

11.3 实验三

本实验为计算器·过程版。

❑ 基本描述

编程实现一个计算器。计算器所做的运算是处理一些长双精度浮点型（long double）表示范围内的表达式。运算处理包括加、减、乘、除、等号和括号操作，遵守一般的优先级操作规则，括号优先于乘、除，乘、除优先于加、减。

能够识别简单的表达式而做运算处理，因而具有了一些“语言解释器”的功能，可以将输入看作一个动作序列（程序），而由本程序进行解释执行。作为动作序列的程序是有语法规则的，本问题涉及的表达式符合一定语法，其语法用下列的递归文法描述：

```
program:
  END
  exprList END
exprList:
  expression END
  expression END exprList
expression:
  expression + term
  expression - term
  term
term:
  term / primary
  term * primary
  primary
primary:
  NUMBER
  NAME
  NAME = expression
  - primary
  ( expression )
```

其中，NAME表示变量名字，是指字母开头、后面跟字母数字的标识符（identifier），即：

```
identifier:(NAME)
  nondigit
  identifier nondigit
  identifier digit
```

```
nondigit:
  a b c d e f g h i j k l m n o p q r s t u v w x y z
  A B C D E F G H I J K L M N O P Q R S T U V W X Y Z
digit:
  0 1 2 3 4 5 6 7 8 9
```

NUMBER 表示浮点数，按 C++中的 long double 类型接受。

（1）**程序**（program）被看成是一个表达式清单（exprList）。

（2）**表达式清单**由表达式（expression），或表达式后随表达式清单构成，由于表达式清单还可以继续展开，所以它是一种递归描述。

（3）**表达式**由表达式加上因式项（term），或表达式减去因式项构成。

（4）**因式项**由因式项除以初等项（primary），或因式项乘以初等项，或直接由初等项构成。

（5）**初等项**由浮点数值（NUMBER），或名字（NAME），或名字接等号后随表达式（赋值表达式），或负号接初等项（负表达式），或左括号接表达式接右括号（括号表达式）构成。

（6）**名字**由非数字（nondigit），或名字接非数字，或名字接数字（digit）构成。

（7）**非数字**由全体大、小写字母构成。

（8）**数字**由全体数字字符构成。

除了数字和非数字之外，上述每个语法项的描述中都含有本语法项，也就是说，它是递归描述的。递归描述的特点是可以据此构造无限多的语法项。例如，名字后接数字字符表示名字，因而根据定义，如果该名字后再接数字字符或非数字字符还是名字，因此名字可以是字母开头的无限长字母数字串。

根据该语法，原始符号首先被认为是 NAME、NUMBER 等初等项，因此它是首先识别初等项，初等项中还包括负号表达式和括号，说明括号和单目减操作的优先级高于加、减、乘、除，并且赋值表达式可以被看作初等项而参加运算。

而由乘、除初等项构造的因式项，是其次被识别的对象，所以其优先级虽低于括号和单目运算，但又高于加、减。

最后由加、减因式项构造的表达式，作为程序中的一个语句被识别，而程序正是由若干语句构成的。

本程序的功能是逐行读入各个语句，理解其语法，计算其表达式的值，并能够排除各种错误干扰，直至将程序运行到底。

❑ 输入描述

为了方便进行语法识别，可以将表达式成分分解成整型值标记

```
enum Tok = { NAME, NUMBER, END, ASSIGN='=', LP='(', RP=')',
             MINUS='-', PLUS='+', MUL='*',  DIV='/'  };
```

这十种成分。其中：

NUMBER 是指 long double 型浮点数（NUMBER 本身只是一个标记，不是一个数值），在输入时，按照 long double 的语法接受输入。由于 C++有隐性转换规则（☞主教材第 4.3.1

节），所以在具体输入时，任何一定范围的整型数都可以自动转换为NUMBER的输入值。

NAME是该语言的变量名，它在输入中受到系统的限制，名字长度不得超过20个字符。

END表示识别当前表达式到此结束，以回车符表示。

输入数据中含有一个应根据上面语法理解的程序。

程序有若干行（行数<1000），每行有一个表达式(长度<1000)，也有可能是空行。

❑ 输出描述

计算器将忽略空行，将计算进行到底。对每一行所表示的符合语法的表达式，都将以定点数输出一个具有6位小数精度的值并回车。

同时，该计算器对于不符合语法的输入，要能做出下列错误反应。

（1）若在名字后面又出现名字、数、左括号，则应报告：

```
Unexpected Token
```

（2）若在数后面出现名字、数、等号、左括号，则应报告：

```
Unexpected Token
```

（3）若在应该出现表达式的地方，出现了运算符、左括号、右括号、等号，则应报告：

```
Primary Expected
```

（4）若除数为0，则应报告：

```
Divide By Zero
```

（5）若名字太长，则应报告：

```
Too Long of Name Length
```

（6）若在应该出现右括号的地方没有出现，则应报告：

```
Right Parentheses Expected
```

（7）若出现该计算器不能识别的其他字符，则应报告：

```
Bad Token
```

（8）若变量找不到，则应报告：

```
Undefined Variable
```

（9）若在完整表达式后面出现其他运算符，则应报告：

```
Unexpected Token
```

❑ 样本输入

```
3=5+20);
3-5
```

```
3*5
3/5
(3+5)*((6-7)/2+9)/3*8;
c=10;
3*6*2+(6/7*3)-5
a=345;
b=12
c=a*b+d;
'A'
23 56
a=345
23 a
a 23
a (
23 (
23=69

c=a*b
23**2
23+*1
23-/25
+67
2/(3-3)+1
a3$4343433=29
2+(67*2+)
2+67*2+)
2+67*2+(
2+67*2)
2+(67*2
f
f=b+f
asdas2343255445454533=23
```

❑ 样本输出

```
Unexpected Token
-2.000000
15.000000
0.600000
Bad Token
Bad Token
33.571429
Bad Token
12.000000
Undefined Variable
Bad Token
Unexpected Token
```

```
345.000000
Unexpected Token
Unexpected Token
Unexpected Token
Unexpected Token
Unexpected Token
4140.000000
Primary Expected
Primary Expected
Primary Expected
Primary Expected
Divide By Zero
Bad Token
Primary Expected
Primary Expected
Primary Expected
Unexpected Token
Right Parentheses Expected
Undefined Variable
Undefined Variable
Too Long of Name Length
```

11.4 实验四

本实验为计算器·对象版。

为了让“解释器”成为一个与应用程序分离的包，特将该解释器做成一个 Program 类，由应用程序在运行时规定输入源与运行结果的输出处，只要驱动了该解释器，所输入的“代码”就能源源不断地得到处理：

```
//======================================
//计算器程序
//运行时，可以将程序重定向输入到calc.txt，输出到calc.out，即：
//f:\...\>project1 <calc.txt >calc.out
//======================================
#include"Program.h"
//--------------------------------------
int main(){
  Program().run();
}//======================================
```

在上述代码中，由一系列表达式构成的输入数据（程序）放在文件 calc.txt 中，而运行结果放在 calc.out 中，程序类（program）对象 p 获得了输入/输出信息之后，直接调用其成员 run，故可以将 run 看作驱动表达式处理的框架程序，目的是让表达式一直不停地计算，直至完成。

假定该解释器中含有一个词法类 Token 负责词法识别和传输，和一个表达式 Expr 类负责语法识别及计算，那么，Program 类是如何实现驱动代码 run 与该两个类打交道，来完成解释和计算任务的呢？词法类和语法类又是怎么实现才比较合理呢？

该程序的功能与实验三相同，能处理和计算实验三的语法所识别的表达式。当输入实验三的样本数据时，便能得到实验三的样本输出。

11.5 实验五

有了实验四的对象版程序结构，若要更换语言（程序语法），便比较容易维护了。

采用实验四的程序框架，将 long double 更换成实验一的大整数类，其基本运算为加、减、乘、除、取余，对输入的表达式进行识别与计算，做成一个计算器，并驱动处理一系列的大整数表达式。

显然，其语法也要略做改动：

```
program:
  END
  exprList END
exprList:
  expression END
  expression END exprList
expression:
  expression + term
  expression - term
  term
term:
  term / primary
  term * primary
  term % primary          //添加
  primary
primary:
  NUMBER
  NAME
  NAME = expression
  - primary
  ( expression )
```

其中，NUMBER 表示大整数，按实验一中的 StrInt 类型接受。

❑ 样本输入

```
4353453453456678788748879907867763=556323555676+20655745545689546683443);
565455688789598790457843543 - 54565798677676536467656
355476980562698032 * 564576587907885365695576343433
35349675346624237868067762345344454 / 534645876987454668765879685689785634
( 3534 + 5569 - 8906755 ) * ( ( 6455236656 - 7552335255 ) / 26365980780 + 9989 )
c = 10354465987879 - 98835235456435225 ;
```

```
35356978098 - 8557 * 8679870874563456 * 3+(23523453465346547658 86 / 7 * 3 )
a = 34553477986547468323456 ;
b = 1234646797896546
c = a * b + d ;
'A'
24366798648096553 58879867546
a = 34543654779879875265 4
23546534756780 - 98765 a
a 2345687897654
a (
233467689787654 (
23 = 6934567897652435346

c = a * b
236547680987 * * 234765678654
23346f6746 * 134578976534567
23365665957 - / 25
+ 67546578456354654
5769879656998765462 / (5555553 - 5555553 ) + 14545654767566
a3$4343433 = 29547579876546
25674578909876 + ( 675678987654 * 2564576567 + )
246546789765 + 675465476890765 * 25476867543 + )
24563476765 + 67 * 2 + (
2 + 67 * 3456789876542 )
2 + ( 67 * 2546778654
f
f = b + f
asdas2343255445454533 = 2332459878098765412366679876 5
123435456 % 35346898337863733 + 3
```

❑ 样本输出

```
Unexpected Token
565401122990921113921375887
79571858463664621681579059370506791895505223856
0
-98645828
Bad Token
2356560375718034500
Bad Token
1234646797896546
Undefined Variable
Bad Token
Unexpected Token
345436547798798752654
Unexpected Token
Undefined Variable
Unexpected Token
```

```
Unexpected Token
Unexpected Token
415279895384112035594678175734933084
Primary Expected
Illegal Number
Primary Expected
Primary Expected
Divide By Zero
Bad Token
Primary Expected
Primary Expected
Primary Expected
Unexpected Token
Right Parentheses Expected
Undefined Variable
Undefined Variable
Too Long of Name Length
123435459
```

11.6 阶段测验

矩阵运算。

❑ 基本描述

有一些长、宽不一的矩阵（向量也是矩阵的一种）。现在有一些矩阵需要进行加、减、乘的运算，首先设计一个矩阵类，然后不断读入操作符号和对应的操作矩阵，输出运算结果。

❑ 输入描述

每个操作都以操作符号开头，若操作符号为'@'，则运算结束。

每个操作都伴随着二个矩阵，每个矩阵以行数 x 和列数 y 为开头，后跟 x×y 个元素。

❑ 输出描述

对于每个操作，输出其对应的结果矩阵，结果矩阵的元素以宽度 5 个字符描述，中间不再有空。结果矩阵之间应空行。

若'+'和'–'操作的矩阵对应行数或列数不同，或'*'操作中第一个矩阵的列数与第二个矩阵的行数不同，则应输出 Bad Size，并放弃本次计算，转入下一操作。

❑ 样本输入

```
-
5 7
44 12 33 6 34 36 11
```

```
11 44 0 32 43 29 13
48 6 45 11 41 42 37
43 12 28 9 9 25 42
31 21 17 17 47 44 10
5 7
19 8 45 7 39 25 44
5 1 7 44 2 22 31
48 38 15 9 14 37 28
6 35 39 17 41 20 16
8 6 25 5 14 33 30
@
```

❑ 样本输出

```
25    4  -12   -1   -5   11  -33
6    43   -7  -12   41    7  -18
0   -32   30    2   27    5    9
37  -23  -11   -8  -32    5   26
23   15   -8   12   33   11  -20
```

第 12 章　解题指导

本章各实验解题指导与第 11 章的实验号相匹配。

12.1　实验一

大整数运算•字串对象版。

❑ 界面设计

本问题显然是要将**大整数类型**从应用中独立出来，因而首先要考虑其类型的界面（头文件），从而既提供给应用设计做参照，又可以规范类型的实现。

根据功能要求，大整数类型一共要设计五种操作：加、减、乘、整除、取余。除此之外，还有必不可少的构造函数，使之能将字串转换成大整数类型，或者将计算所得的无符号整数和符号捆绑赋值给大整数类型。最后，还需要让流设备能够对其对象进行输入与输出操作。

整数的加、减、乘、整除、取余操作中，对于减操作，只要看作将减数改变了符号的加操作即可；乘和整除操作结果的符号只是对两个操作数做异或操作；取余操作的符号取决于被取余数值的符号。因此，可以将符号与数串分离，单独进行处理，即在类型设计中，将符号从数串中提出来单列。

与样板实验的操作类似，该类型以 string 串作为存储数据的主体，另外再加上符号属性，其类名取为 StrInt，表示大整数的字串实现版。

基于已有字串的初始化构造，考虑到类型功能的扩充，最终应能自然地允许数串表示的大整数参与大整数对象的四则运算，即：

```
StrInt a, c;
//...
a = c * "-12345";
a = c / a;
a = "12345" + "56789";  // 非法,不是大整数运算
a = "12345" + c;        // 合法
```

所以，这五种运算都设计成作为该类型友元的普通函数。

同时，流操作作为友元是为了直接从输入流中获得对象数据，以及直接用输出流来操作对象。

当默认创建一个对象时，为了使对象有意义，赋以 0 值。

当然，切不可忘了头文件卫士，因为应用也包括设计其他类型而需要使用本类型的代码，当其他类型与本类型都在本应用系统中使用时，就会面临同一个编译单元中由于嵌套包含而重复定义一个类型的尴尬。

位数的上限值常量 BYTENUM 只用于大整数类型，所以应在类型中说明。它也可以说明为“static const int BYTENUM;”。但是，一想到还要在实现代码中专门定义和初始化，就感到烦，使用枚举是漂亮的技巧。

所有这些提供给使用者进行类型设计或应用，StrIng.h 的代码如下：

```
//=====================================
//StrInt.h,+ - * /(整除) % (取模)
//=====================================
#ifndef STRINT_HEADER
#define STRINT_HEADER
#include<iostream>
using namespace std;
//-------------------------------------
class StrInt{
  enum {BYTENUM = 200};
  string _sign;
  string _num;
public:
  StrInt(const string& a = "0" );
  friend StrInt add(const StrInt& a, const StrInt& b);
  friend StrInt sub(const StrInt& a, const StrInt& b);
  friend StrInt mul(const StrInt& a, const StrInt& b);
  friend StrInt div(const StrInt& a, const StrInt& b);
  friend StrInt mod(const StrInt& a, const StrInt& b);
  friend istream& operator>>(istream& in, StrInt& a);
  friend ostream& operator<<(ostream& out, const StrInt& a);
};//-----------------------------------
#endif  //STRINT_HEADER
```

❑ 异常类系设计

在 StrInt 的实现中，需要判断出错，在应用 StrInt 中需要应付出错。错误来自乘法结果的超大溢出，除 0 以及流输入时的非法数值表示。专门为该类创建一个异常类体系是需要的，该类系从异常基类派生出三个子类：除 0 类、超大溢出类和非法数值类。其中一种实现见 MyExcept.h 的代码：

```
//=====================================
//自定义异常类MyExcept.h
//=====================================
```

```
#include<string>
using std::string;
//------------------------------------
class MyExcept{
  string what;
public:
  MyExcept(const string& w):what(w){}
  string getWhat(){ return what; }
};//------------------------------------
class MyDivideZero : public MyExcept{
public:
  MyDivideZero():MyExcept("Divide By Zero."){}
};//------------------------------------
class MyTooLarge : public MyExcept{
public:
  MyTooLarge():MyExcept("Too Large Number."){}
};//------------------------------------
class MyIllegal : public MyExcept{
public:
  MyIllegal():MyExcept("Illegal Number."){}
};//------------------------------------
```

当然，若传递任何子类的地址给基类对象的指针，如：

```
MyDivideZero d;
MyExcept* ep = &d;            //ep指向的对象为基类对象,没有多态性
```

对于上述代码来说，都将失去子类的个性，因为该类系没有用多态的方式实现。

好在子类对象仅用于对基类对象进行数据传递，而且每个子类对象的数据值（提示字串）是唯一的，所以传递任何子类对象后，基类对象的行为（getWhat）便“像”某个子类对象了。

如下代码可作为一个多态的异常类系参考版：

```
//====================================
//自定义异常类多态版MyExceptf.h
//====================================
#include<string>
using std::string;
//------------------------------------
class MyExcept{
public:
  virtual string getWhat() = 0;
};//------------------------------------
class MyDivideZero : public MyExcept{
public:
  string getWhat(){ return "Divide By Zero."; }
};//------------------------------------
class MyTooLarge : public MyExcept{
```

```
public:
  string getWhat(){ return "Too Large Number."; }
};//------------------------------------
class MyIllegal : public MyExcept{
public:
  string getWhat(){ return "Illegal Number."; }
};//------------------------------------
```

该版本在空间上因为无须数据成员而优于上面的版本，但是在性能上因为多态的额外开支而略微差一些。然而，如果异常处理要针对传递子类对象的性质来决定时，那么，具有多态的后者将处于不可取代的地位。因为根据类型比根据字串来判断子类对象要稳定和确切得多。

❑ 应用框架设计

在应用框架设计中涉及大整数类型和异常类型的使用。StrIntApp.cpp 的代码如下：

```
//====================================
//StrIntApp.cpp,大整数加、减、乘、整除、取余 对象版
//====================================
#include"StrInt.h"
#include"MyExcept.h"
#include<iostream>
using namespace std;
//------------------------------------
int main(){
  StrInt a,b;
  for(char ch; cin>>ch && ch!='@'; ){
    try{
      cin>>a>>b;
      switch(ch){
        case'-': cout<<sub(a,b)<<"\n"; break;
        case'+': cout<<add(a,b)<<"\n"; break;
        case'*': cout<<mul(a,b)<<"\n"; break;
        case'/': cout<<div(a,b)<<"\n"; break;
        case'%': cout<<mod(a,b)<<"\n"; break;
        default: throw MyIllegalOp();
      }
    }catch(MyExcept& e){
      cout<<e.getWhat()<<"\n";
    }
  }
}//====================================
```

由于异常的使用，将错误处理的细节放到了 catch 过程中，而将判断错误的细节放到了 StrInt 类型的实现中。同时，还将输入与输出的细节放到了流设备中，因此其对象化代码远较样板实验中的过程化代码简洁，使人看了一目了然。

如果发生除 0，即 div 过程判断到除数为 0，则会抛出一个除 0 异常而被 catch 的基类引用对象所截获。同样，如果发生结果位数超长，mul 过程就不会正常返回一个大整数，而是抛出超大整数（Too Large Number）异常。

❑ 大整数类的实现设计

（1）构造函数设计。

构造函数的工作是将字符串拆成符号和数串，同时判断是否非法。如果数串含有前导 0 或者为空串，则应抛出 Illegal Number 异常；如果数串超长（超过大整数类型规定的长度极限 BYTENUM），则应抛出 Too Large Number 异常：

```
StrInt::StrInt(const string& a):_num(a)
{
  if(a.length()==0 || a[0]=='0'&& a.length()>1) throw MyIllegal();
  if(a[0]=='-'){ _sign="-"; _num=_num.substr(1); }
  if( _num.length()>BYTENUM ) throw MyTooLarge();
}
```

另一个构造函数是将计算的数串和符号分别移送到大整数类型的对象中，然后予以正确性检查：

```
StrInt::StrInt(const string& sign, const string& num)
:_sign(sign),_num(num){
  if( _num.length()>BYTENUM ) throw MyTooLarge();
}
```

（2）add(a, b)算法。

若 a 为 0，则返回 b；

若 b 为 0，则返回 a；

比较 a 和 b 的大小，将较大者存入 s，较小者存入 t，这是为方便进行位加减操作。

若 a，b 同号，则计算位加 adding(s._num,t._num)；

若 a，b 异号，则计算位减 subing(s._num,t._num)；

根据所计算的数串结果及符号，构造大整数对象（包含正确性检查），并予以返回。

（3）sub(a, b)算法。

将 b 变符号，调用 add 算法。

（4）mul(a, b)算法。

分别处理符号和数串乘法：

若 a、b 两者符号相同，则结果符号为正，否则为负；

若 a、b 两者有一为 0，则返回 0。

计算位乘 muling(a._num, b._num)，并产生大整数对象（包含正确性检查），返回。

（5）div(a, b)算法。

分别处理符号和数串除法：

若 a、b 两者符号相同，则结果符号为正，否则为负；

若 b 为 0，则发出 Divide By Zero 异常；

若数串 a 小于数串 b，则由于是整除，所以不用计算，直接返回 0。

计算位除 diving(a._num, b._num)，并产生大整数对象，返回。

（6）mod(a, b)算法。

分别处理符号和数串除法：

若 a、b 两者符号相同，则结果符号为正，否则为负；

若 b 为 0，则发出 Divide By Zero 异常；

若 a 为 0 或 b 为 1，则返回 0；

若数串 a 小于数串 b，则由于是取余，所以不用计算，直接返回 a。

计算位除 diving(a._num, b._num, c)，并根据所获得的数串 c，产生大整数对象，返回。

参照 diving(a,b,c)算法：将余数放在 c 中，并返回商。

（7）输入/输出流算法。

```
istream& operator>>(istream& in, StrInt& a)
{
  string s;
  in>>s;
  a = StrInt(s);          //可能抛出Illegal异常
  return in;
}//------------------------------------
ostream& operator<<(ostream& out, const StrInt& a)
{
  return out<<a._sign + a._num;
}//------------------------------------
```

add、sub、mul、div、mod 这些操作，可以很自然地用操作符+、–、*、/及%来实现，只要将类 StrInt 中的相关操作修改如下即可：

```
friend StrInt operator+(const StrInt& a, const StrInt& b);
friend StrInt operator-(const StrInt& a, const StrInt& b);
friend StrInt operator*(const StrInt& a, const StrInt& b);
friend StrInt operator/(const StrInt& a, const StrInt& b);
friend StrInt operator%(const StrInt& a, const StrInt& b);
```

在 StrIntApp.cpp 中相关的应用操作则不是 add(a,b)，而是 a+b，如此等等。

❑ 大整数类型实现单元的内部实现

为了实现各个运算，仍然需要单元内部的五个相关操作：按位加、按位减、按位乘、按位除及按位小于比较：

```
static string adding(const string& a, const string& b);
static string subing(const string& a, const string& b);
static string diving(const string& a, const string& b, string& c=string());
static string muling(const string& a, const string& b);
static bool numLess(const string& a, const string& b);
```

如果把它们作为一个 StrInt 类型实现的依附单元而独立出去，例如，命名为 Byte-Operator.h 和 ByteOperator.cpp，则 static 关键字也可以省略。

这些操作都与符号无关，并且假定都是可操作的，例如，除数不会为 0，操作数都是非 0 值。

（1）位加 adding(a, b)。

假定 a 的长度不小于 b，因此：

```
string adding(const string& a, const string& b)
{
  int tmp = 0;
  string s(a);
  for(int bi=b.length()-1, si=s.length()-1; si>=0; --bi,--si)
  {
    tmp += s[si]-'0' + (bi>=0 ? b[bi]-'0' : 0);
    s[si] = char(tmp%10+'0');
    tmp /= 10;
  }
  return tmp ? ('1'+s) : s;
}
```

（2）位减 subing(a,b)。

调用时，保证 a 的长度一定不小于 b：

```
string subing( const string& a, const string& b )
{
  if(a==b) return "0";
  string s(a);
  for(int bi=b.length()-1,si=s.length()-1; si>=0; si--,bi--)
    if((s[si]-=(bi>=0 ? b[bi]-'0' : 0))<'0')
      s[si]+=10, s[si-1]--;
  return s.substr(s.find_first_not_of('0'));
}
```

（3）位乘 muling(a,b)。

```
string muling( const string& a, const string& b)
{
  string s(a.length()+b.length(), '0');
  for(int bi=b.length()-1; bi>=0; --bi)
    if(b[bi]!='0')
      for(int tmp=0, ai=a.length()-1, si=s.length()-b.length()+bi; ai>=0; --ai,--si)
      {
        tmp += (a[ai]-'0')*(b[bi]-'0') + s[si]-'0';
        s[si] = char(tmp%10+'0');
        tmp/=10;
      }
  return s.substr(s.find_first_not_of('0'));
}
```

（4）位除 diving(a,b)。

第 3 个参数 c 是输出参数，用于存放整除之后的余数：

```
string diving(const string& a, const string& b, string& c)
{
  string s;
  c = a.substr(0, b.length()-1);
  for(int i=b.length()-1; i<a.length(); ++i)
  {
    int cnt=0;
    for(c=(c=="0"? string():c)+a[i]; !numLess( c, b ); cnt++)
      c = subing( c, b );
    s += char(cnt+'0');
  }
  return s[0]=='0'? s.substr(1):s;
}
```

❑ 工程组织

所有文件（头文件与代码文件）都放在工程默认文件夹中，其中代码文件添加在工程中。共有下列四个文件。

- StrInt.h：工程默认文件夹（☞本节“界面设计”）。
- StrInt.cpp：工程代码文件（☞本节“大整数类的实现设计”）。
- MyExcept.h：工程默认文件夹（☞本节“异常类系设计”）。
- StrIntApp.cpp：工程代码文件（☞本节“应用框架设计”）。

12.2 实验二

❑ 框架设计

这种类型的题目比较容易分析的地方在于题目本身要求给出一个菜单驱动程序，即所谓的总控程序，它支持整个程序的结构框架。菜单驱动程序类似主教程第 5.4.3 节中的程序。根据题目要求的五项功能，同时，由于调试可能需要提供输入/输出数据文件，故五个功能块一并考虑，分别建立五个函数供菜单程序驱动：

```
//=======================================
//datePro.h
//=======================================
#include<iostream>
using namespace std;
//---------------------------------------
void pr302A(istream& cin, ostream& cout);        //统计天数
void pr302B(istream& cin, ostream& cout);        //推排日期
void pr302C(istream& cin, ostream& cout);        //确定天数
void pr302D(istream& cin, ostream& cout);        //星期几
void pr302E(istream& cin, ostream& cout);        //安排会议
//---------------------------------------
```

这样就建立起一个应用代码实现（datePro.cpp）的界面文件，它既供菜单驱动程序（dateApp.cpp）使用，又规范功能实现。

由于菜单驱动没有涉及实质性的日期操作，所以与日期类型不发生关系。但是其功能实现代码（datePro.cpp）是要与日期类型发生关系的，所以添置一个日期类型时，将 date.h 作为日期界面，date.cpp 作为其实现。在日期实现中，还有一些异常要发生，因而预先准备异常的类型是明智的，其代码的结构如图 12-1 所示。

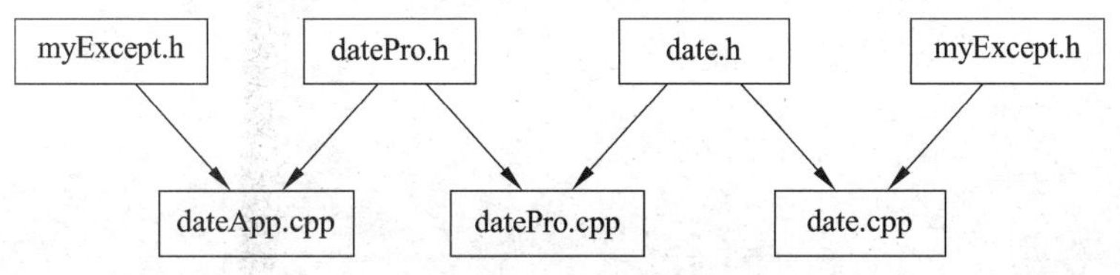

图 12-1　日期处理框架结构

若产生一些异常，需要反馈给顶层的菜单驱动程序，形成跨越功能实现（datePro.cpp）的异常跳转处理，如图 12-2 所示。

异常类系的头文件为：

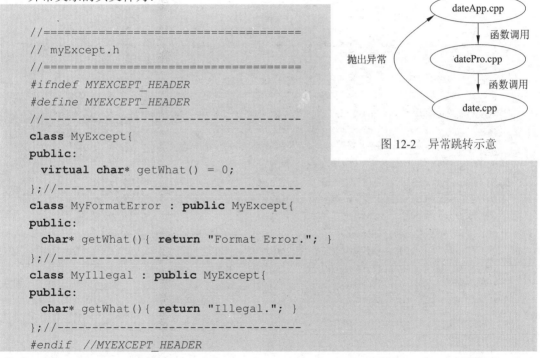

dateApp.cpp
函数调用
抛出异常
datePro.cpp
函数调用
date.cpp

图 12-2　异常跳转示意

```
//======================================
// myExcept.h
//======================================
#ifndef MYEXCEPT_HEADER
#define MYEXCEPT_HEADER
//--------------------------------------
class MyExcept{
public:
  virtual char* getWhat() = 0;
};//------------------------------------
class MyFormatError : public MyExcept{
public:
  char* getWhat(){ return "Format Error."; }
};//------------------------------------
class MyIllegal : public MyExcept{
public:
  char* getWhat(){ return "Illegal."; }
};//------------------------------------
#endif  //MYEXCEPT_HEADER
```

而日期型头文件则采用天数版，因为应用中大量涉及天数的加减运算，可能会提高一些性能。天数版的年份计算的不同，决定了闰年调用方式的不同。其他内部成员函数的设计也稍微做了调整：

```
//======================================
//date.h   天数版
//======================================
#ifndef DATE_HEADER
```

```
#define DATE_HEADER
#include<iostream>
using namespace std;
//------------------------------------
class Date{
  int _absDay;
  void _ymd2i(int y, int m, int d);
  void _i2ymd(int& y, int& m, int& d)const;
  bool _isLeapYear(int y)const{ return y%4==0 && y%100 || y%400==0; }
  static const int tians[];
  static const char* week[];
public:
  enum { YYMD,  //"YYYY-MM-DD"
         MDYY,  //"MM-DD-YYYY"
         YMD,   //"YY-MM-DD"
         MDY    //"MM-DD-YY"
  };
  Date(const string& s);
  Date(int n=1) : _absDay(n){}
  Date(int y, int m, int d){ _ymd2i(y,m,d); }
  Date operator+(int n)const{ return Date(_absDay + n); }
  Date& operator+=(int n){ _absDay += n; return *this; }
  Date& operator++(){ _absDay++; return *this; }
  Date& operator--(){ _absDay--; return *this; }
  bool operator==(const Date& d)const{ return _absDay==d._absDay; }
  bool operator!=(const Date& d)const{ return _absDay!=d._absDay; }
  bool operator<(const Date& d)const{ return _absDay < d._absDay; }
  void print(ostream& out, int type)const;
  int operator-(Date& d)const{ return _absDay - d._absDay; }
  Date operator-(int n)const{ return Date(_absDay - n); }
  Date& operator-=(int n){ _absDay -= n; return *this; }
  bool isLeapYear()const;
  const char* getWeekDay()const{ return week[_absDay%7]; }
  int getAbsDay()const{ return _absDay; }
  friend istream& operator>>(istream& i, Date& d);
  friend ostream& operator<<(ostream& o, const Date& d);
};//------------------------------------
#endif  //DATE_HEADER
```

界面文件设计完成，后面的实现就有法可依了。

❑ 驱动程序代码实现

用一个函数指针类型来定义数组，比较容易看清和使用。五个函数的类型都声明一致，这在头文件中已经看到了。该菜单程序不断地接受键盘输入，完成功能调用后，返回菜单。如果底层操作有异常，则会抛掷到本代码块中，以识别错误原因。如果按键失误，也可以允许再输入操作，故该菜单程序的功能简洁明快：

```
//=======================================
//日期处理
//DateApp.cpp
//=======================================
#include"datePro.h"
#include"myExcept.h"
#include<conio.h>            //用于clrscr(), getch()
#include<fstream>
#include<iostream>
using namespace std;
//---------------------------------------
typedef void(*PF)(istream& cin, ostream& cout);
char* iFile[] = { "A32.txt", "B32.txt", "C32.txt", "D32.txt", "E32.txt" };
char* oFile[] = { "A32.out", "B32.out", "C32.out", "D32.out", "E32.out" };
PF func[] = { pr302A, pr302B, pr302C, pr302D, pr302E };
//---------------------------------------
int main(){
  for(int choice=1; choice; ){
    clrscr();
    if( choice>5 ) cout<<"You may entered a wrong key, try again.\n\n";
    cout<<"1-----统计天数\n";
    cout<<"2-----推断日期\n";
    cout<<"3-----确定天数\n";
    cout<<"4-----星期几\n";
    cout<<"5-----安排会议\n";
    cout<<"0-----退出系统\n";
    cout<<"Enter your choice: ";
    cin>>choice;
    if(choice>=1 && choice<=5 )
    {
      ifstream cin(iFile[choice-1]);
      ofstream cout(oFile[choice-1]);
      try{
        func[choice-1]( cin, cout );
      }catch(MyExcept& e){
        cerr<<e.getWhat()<<"\n";
      }
      cerr<<"press any key...";          //保证该输出在屏幕上
      getch();
    }
  }
}//=======================================
```

❑ 日期类型的实现

为了实用，结果便是引入异常。有了异常，构造函数针对数据错误的处理方式就简单了。

_itoymd 函数相对比较难实现，曾经写过一个，在经过频繁调用的测试之后，因为性能比年月日版差很多而没有采用。现在这个版本的性能已经可以应付实战，虽然在小的优化方面还没有做到十分充分，留待读者自己来完善。

Print 是可以按照各种格式要求打印日期的成员函数，而自定义流操作“<<”则固定了一种相对较为常用的格式。

对于自定义流“>>”操作来说，如果操作失败，则参数 d 的值保持不变，并且还可以原封不动地返回流状态，这就保证了连续执行流输入操作的正确性：

```
//=====================================
//date.cpp  天数版
//=====================================
#include"date.h"
#include"myexcept.h"
#include<iostream>
#include<iomanip>
using namespace std;
//-------------------------------------
const int Date::tians[]={0,31,59,90,120,151,181,212,243,273,304,334,365};
const char* Date::week[]={"Sun.", "Mon.", "Tue.", "Wed.", "Thu.", "Fri.", "Sat." };
//-------------------------------------
Date::Date(const string& s){
  int y = 1000*(s[0]- '0')+100*(s[1]- '0')+10*(s[2]- '0')+s[3]- '0';
  int m = 10*(s[5]- '0') + s[6]- '0';
  int d = 10*(s[8]- '0') + s[9]- '0';
  _ymd2i(y,m,d);
}//-------------------------------------
void Date::_ymd2i(int y, int m, int d){
  if( y<=0||y>9999)
    throw MyIllegal();
  if(m<=0||m>12)
    throw MyIllegal();
  if(d<=0||d>tians[m]-tians[m-1]+ m==2 && isLeapYear(y) )
    throw MyIllegal();
  int ny = (y-1)*365 + (y-1)/4 -(y-1)/100 + (y-1)/400;
  _absDay = ny + tians[m-1] + d + (m>2 && _isLeapYear(y));
}//-------------------------------------
void Date::_i2ymd(int& y, int& m, int& d)const{
  int n400 = _absDay / 146097;      //400年的个数
  int y400 = _absDay % 146097;
  int n100 = y400 / 36524;          //100年的个数
  int y100 = y400 % 36524;
  int n4 = y100 / 1461;             //4年的个数
  int y4 = y100 % 1461;
  int n1 = y4 / 365;                //1年的个数
  int y1 = y4 % 365;
  y = n400*400 + n100*100 + n4*4 + n1 + (y1!=0);
```

```
    m = 12;
    if(y1==0)                                          //年底
      d = 30 + (n1!=4);                                //若n1==4,则年底差1天
    else{
      while(y1<=(n1==3 && m>=2)+tians[m]) m--;        //n1==3为闰年
      d = y1 - tians[m]-(n1==3&& m>=2);
      m++;
    }
}//-----------------------------------------
void Date::print(ostream& o, int type)const{
  int y,m,d;
  _i2ymd(y,m,d);
  o<<right<<setfill('0');
  switch(type){
    case YMD: o<<setw(2)<<y%100<<"-"<<setw(2)<<m<<"-"<<setw(2)<<d; break;
    case MDY: o<<setw(2)<<m<<"-"<<setw(2)<<d<<"-"<<setw(2)<<y%100; break;
    case YYMD: o<<setw(4)<<y<<"-"<<setw(2)<<m<<"-"<<setw(2)<<d; break;
    case MDYY: o<<setw(2)<<m<<"-"<<setw(2)<<d<<"-"<<setw(4)<<y; break;
    default:   throw MyFormatError();
  }
  o<<setfill(' ');
}//-----------------------------------------
bool Date::isLeapYear()const{
  int y,m,d;
  _i2ymd(y,m,d);
  return _isLeapYear(y);
}//-----------------------------------------
istream& operator>>(istream& i, Date& d){
  string s;
  if(i>>s)
    d = Date(s);
  return i;
}//-----------------------------------------
ostream& operator<<(ostream& o, const Date& d){
  d.print(o, d.YYMD);
  return o;
}//-----------------------------------------
```

❑ 日期处理的实现

日期处理 datePro.cpp 的最初模样为：

```
//=========================================
//日期处理
//datePro.cpp
//=========================================
#include"datePro.h"
```

```
#include"date.h"
#include<iostream>
using namespace std;
//--------------------------------------
void pr302A(istream& cin, ostream& cout){ cout<<"pr302A\n"; }
void pr302B(istream& cin, ostream& cout){ cout<<"pr302B\n"; }
void pr302C(istream& cin, ostream& cout){ cout<<"pr302C\n"; }
void pr302D(istream& cin, ostream& cout){ cout<<"pr302D\n"; }
void pr302E(istream& cin, ostream& cout){ cout<<"pr302E\n"; }
//--------------------------------------
```

随着一个个函数的调试成功，则代码一块块地展开，包含的头文件也一个个地补充进去。这种方式的好处是，彼此之间独立，调试这一块的函数，决不会与其他块混起来。

（1）统计天数。

统计天数模块，因为与导游的顺序有关，所以先建立一个能自排序的 map 结构是机敏的，再加上一个记忆出差日期的快速定位结构（这次又是 map），使得代码一下子简单多了：

```
void pr302A(istream& cin, ostream& cout)
{
  map<string, int> sd;
  string n, fs;
  for(Date d; cin>>n>>d>>fs; )
    sd[n] = d.getAbsDay() + (fs=="Out" ? 0 : 1-sd[n]);
  cout<<"统计天数:\n";
  for(map<string, int>::const_iterator it=sd.begin(); it!=sd.end(); ++it)
    cout<<left<<setw(10)<<it->first<<right<<setw(5)<<it->second<<"\n";
}//--------------------------------------
```

为此，必须在头部添加：

```
#include<map>
#include<iomanip>
```

（2）推排日期。

为了进行推排，需要按日期进行排序，如果日期相等，再按名字进行排序，因此在将输入数据进行日期相加处理，获得新的日期之后，存放在结构数组中。定义一个 operator< 的比较函数，然后调用 sort 算法，最后，打印出来便是顺理成章的事了。值得注意的是，包含的头文件需要加哪几个要看清楚，还要建立一个包含名字和日期的自定义结构，其比较函数便是建立在这个自定义结构之上的：

```
#include<iomanip>
#include<vector>
#include<algorithm>
using namespace std;
//--------------------------------------
struct NameNum{            //用于pr302B、pr302C
  NameNum(const string& s, const Date& d):name(s), num(d.getAbsDay()){}
  NameNum(const string& s, int n):name(s), num(n){}
```

```
  string name;
  int num;
};//-----------------------------------
bool operator<(const NameNum& n1, const NameNum& n2){
  return n1.num==n2.num ? (n1.name < n2.name) : (n1.num < n2.num);
}//-----------------------------------
void pr302B(istream& cin, ostream& cout)
{
  vector<NameNum> nd;
  Date curDay;
  cin>>curDay;
  int n;
  for(string s; cin>>s>>n; )
    nd.push_back( NameNum(s, curDay + n) );
  sort(nd.begin(), nd.end());
  cout<<"推排日期:\n";
  for(int i=0; i<nd.size(); ++i)
    cout<<left<<setw(11)<<nd[i].name<<Date(nd[i].num)<<"\n";
}//-----------------------------------
```

（3）确定天数。

为了确定某个日子距今的天数，需要做日期的减法；为了按天数从小到大排序，再按日期名字从小到大排序，需要建立一个节日与距今天数的结构，该结构与推排日期中设计的结构十分相似，只要再添加一个构造函数（见上面的结构设计中要求的第 2 个构造函数 pr302c)，就可以用同一个结构了。其比较操作也与上面是吻合的，也就可以顺利使用 sort 算法排序了：

```
#include<vector>
#include<algorithm>
using namespace std;
//-----------------------------------
void pr302C(istream& cin, ostream& cout)
{
  vector<NameNum> nd;
  Date curDay, d;
  cin>>curDay;
  for(string s; cin>>s>>d; )
    nd.push_back( NameNum(s, d-curDay) );
  sort(nd.begin(), nd.end());
  cout<<"确定天数:\n";
  for(int i=0; i<nd.size(); ++i)
    cout<<nd[i].name<<" "<<nd[i].num<<"\n";
}//-----------------------------------
```

（4）星期几。

求星期几的操作是方便的，直接利用日期中的成员函数就可以了，这也就是日期中设计一个星期几函数的最大用处了：

```
void pr302D(istream& cin, ostream& cout)
{
  cout<<"星期几:\n";
  for(Date d; cin>>d; )
    cout<<d.getWeekDay()<<"\n";
}//-----------------------------------
```

(5) 安排会议。

为了应付输入中一会儿一个日期，一会儿两个日期的困窘，需要一个串流类（头文件为 sstream）支持。

本问题涉及多个时间区间，去掉所有输入的时间区间，要从剩下的若干时间区间中取最早碰到的最大时间区间，然后再取中间区间。这有点像空闲区域分配策略，虽然结果是单一的，但需要仔细调试，考虑好几种情况。例如，前后时间区间相邻，多个最大日期区间的求法，剩下的时间区间长度为奇数与偶数的不同处理，甚至会议区间超过最大剩下区间（这里没有考虑到），最后要注意的是时间输出格式的差异：

```
#include<sstream>
using namespace std;
//-----------------------------------
void pr302E(istream& cin, ostream& cout)
{
  Date a,b,d, mD;
  int n, maxd = 0;
  cin>>a>>b>>n;
  cin.ignore();
  for(string s,t; getline(cin, s); a=d+1)
  {
    istringstream sin(s);
    sin>>d;
    if(d-a > maxd) maxd = d-a, mD = a;
    sin>>d;                            //若读不到第2个日期，则原d值不变
  }
  if(b-a+1>maxd) maxd=b-a+1, mD=a;     //处理最后一段日期
  d = mD + (maxd - n)/2;
  cout<<"安排会议:\n";
  d.print(cout, d.MDYY);
  cout<<"\n";
}//-----------------------------------
```

将这几个功能块集中起来，便可以做成 datePro.cpp 模块了。

注意：包含的头文件取其并集，自定义头文件在前，系统资源头文件在后。

如果功能块再大一点，或者现在，也可以将各个功能块单独做成一个实现文件，于是该程序工程将由五个日期功能模块、一个日期类型实现模块和一个菜单驱动模块构成（一共七个.cpp 代码文件），外加三个.h 头文件。每当程序功能扩展的时候，便要考虑如何组织程序比较合理，模块不能太大，以利于调试和维护。

12.3 实验三

❑ 总控制设计

计算器是对数据（指令）的解释和运算。数据是一系列表达式，这些表达式可以看成指令序列。如果表达式有错误的话，计算器应该能够指出来，并应该能够恢复到就绪状态，以接受下一个表达式解释和计算的请求。所以，对计算器最基本的要求是能够不断地从输入设备中读入数据，解释和计算其表达式的值，并予以输出。

之后，计算器在计算的同时，能够发现一些表达式语法错误，有些是词法的错误。例如，规定名字只能由字母和数字构成，结果表达式中出现一个含有其他字符的字串，如：

```
a$23
```

它就不能理解成名字，也不能理解成别的单词成分。另一些是语法错误，例如，规定赋值表达式的左面是名字，表示变量，但是实际出现的输入数据中，却将数值放在了左边，如：

```
21 = 58
```

虽然能够识别该数值，但是让计算器明白要做什么。所有这些错误的类型，在实验内容中，都已经整理了出来。

还要将处理错误的因素考虑进去。为了使逻辑清楚、设计简洁，这里采用了异常处理的手法。因此对主驱动处理过程，可以按下列这样编写：

```
#include"MyExcept.h"
#include"Token.h"
#include<iostream>
#include<fstream>
#include<cmath>
#include<sstream>
using namespace std;
map<string, long double> table;
int main()
{
  table["pi"] = M_PI;        //3.1415926535897932385;
  table["e"] = M_E;          //2.7182818284590452354;
  ifstream cin("calc.txt");
  //ofstream cout("calc.out");
  cout<<fixed;
  for(string str; getline(cin, str); ){
    if( str=="") continue;
    try{
      for(istringstream sin(str); sin; ){
        long double e = expr(sin);
        if(token.tok!=END) throw UnexpectedToken();
        cout<<e<<"\n";
      }
```

```
    }catch(MyExcept& e){
      cout<<e.getWhat()<<"\n";
    }
  }
}//-----------------------------------
```

该过程以每行输入为处理单位，读入并解释计算。为了保证计算结果为定点数，并精确到小数 6 位，所以，有处理之前预先的“cout<<fixed;”语句。

在过滤了输入中的空语句行后，计算器将一整行表达式通过字串流的形式交给表达式识别函数 expr 去做。expr 中难免会遇到一些表达式错误，此时计算器会轻巧地捕获异常，并从容地去处理下一个表达式。

假定计算器能够做两个常量（e、π）的运算，所以在名字表中预先设置两个变量的值。名字表是一个 map 容器，对应名字和数值，以便使计算器有很快的查找速度，它能够保留输入指令中所有的变量赋值，以备后面的表达式访问之用。

整个计算器除了独特的错误处理外，还将词法识别与表达式识别分开。词法识别负责从输入中读取表达式的各个组成成分，一旦遇到识别不了的词，它就会及时抛出异常，而不管是谁调用了它（事实上只有因子函数 prim 调用了它)，只要抛出了异常，最后总会被上面的主驱动代码截获。

❑ 词法处理设计

该计算器首先应有一个“类别字典”，当词法处理器读入单词时，就去该字典中查找（匹配）。如果没有找到，那就是一个词法错误。

词法处理器相对比较独立，因此做成了一个 Token 类型，其头文件代码如下：

```
//=====================================
//Token.h
//=====================================
#ifndef TOKEN_HEADER
#define TOKEN_HEADER
#include<iostream>
using namespace std;
//-----------------------------------
enum Tok{ NAME,NUMBER,END,PLUS='+',MINUS='-',MUL='*',DIV='/',
          ASSIGN='=',LP='(',RP=')'};
//-----------------------------------
class Token{
public:
  Tok tok;
  long double value;
  string s;
  Tok getTok(istream& in);
};//-----------------------------------
#endif  //TOKEN_HEADER
```

注意：这里用到了头文件的卫士。

枚举 Tok 便是一个“类别字典”。也就是说，该计算器只能识别名字、数量值、结束符（回车符）、加、减、乘、除、等于、左括号、右括号。

所识别的一个单词存放在 Token 类型的实体中，一个 Token 实体含有：

一个标记 tok，它表示所识别的单词种类；

一个数量值 value，只有当 Tok 为 NUMBER 时，该数量值才会被访问；

一个字串 s，存放名字，只有当 Tok 为 NAME 时，该字串才会被访问。

Token 的读入处理 getTok 见下列代码：

```
//=====================================
//Token.cpp
//=====================================
#include"Token.h"
#include"MyExcept.h"
//-------------------------------------
Tok Token::getTok(istream& in)
{
  char ch;
  while(in.get(ch) && ch==' ');
  if(!in){ return tok=END; }
  switch(ch){
    case MUL: case DIV: case PLUS: case MINUS:
    case LP: case RP: case ASSIGN:
      return tok=Tok(ch);
    case '0': case '1': case '2': case '3': case '4': case '5':
    case '6': case '7': case '8': case '9': case '.':
      in.putback(ch);
      in>>value;
      return tok=NUMBER;
    default:
      if(!isalpha(ch)) throw BadToken();
      s = ch;
      for(int i=2; in.get(ch) && isalnum(ch); s+=ch, i++)
        if(i>20) throw TooLongOfNameLength();
      in.putback(ch);
      return tok=NAME;
  }
}//-----------------------------------
```

读入单词的 getTok 函数，也是识别单词的过程。

当读入的字符为加减乘除，或左、右括号，或等号时，便在 tok 成员上做上相应的符号标记。

当读入的字符为数字符时，立刻退返一格，并进行数值输入。例如，在识别 23456 这个数时，读入的一个字符是'2'，为了不使后面读入的数值完整，有必要将字符'2'先退还到输入缓冲区，然后再以长双浮点数读入，并做 tok 标记为 NUMBER。

当读入的是字母时，便有可能识别为名字。于是，不断读入字符，一边判断其是否为

字母数字，一边累计读入的字符个数，当读到的字符不是字母数字时，识别过程结束，并在 tok 中标记上 NAME。显然，名字中夹杂着非字母数字的错误是在识别下一个单词的过程中被检查的。下一次读入单词过程，读入的首先就是上次遗留的非字母数字符，因而立刻被无情地抛出 BadToken 异常。如果累计个数超过高限 20 个字符时，便宣判该表达式的错误，立刻抛出 TooLongOfNameLength 异常。

❑ 语法分析处理

借助于词法分析，语法分析就有据可依了。根据实验内容中的语法定义：

```
program:
  END
  exprList END
exprList:
  expression END
  expression END exprList
expression:
  expression + term
  expression - term
  term
term:
  term / primary
  term * primary
  primary
primary:
  NUMBER
  NAME
  NAME = expression
  - primary
  ( expression )
```

如果读入的是 NUMBER 或 NAME 就识别为 primary；既然是 primary，就可以构成一个 term，或在参加了 term 的乘除运算后，构成一个 term；而一个 term，本身就是一个 expression，还可以参加 expression 运算，成为终极 expression。

因此，对一个表达式的计算，就是不断读入其词法成分，看能不能识别为语法成分，并予以计算求值，中间任何一个过程中遇到词法单位不能构成有效的语法成分，就立刻抛出异常。

语法单位有 expression、term、primary 三个。一旦确认了这些语法单位，其 Token 实体中便存放其后的 tok 标记。如果是语法单位之间进行运算，那么，下一个 tok 标记便只能是加、减、乘、除；如果是独立的语法单位，则其后的标记便只能是 END。

作为 expr 识别过程，首先是读入一个 term，如果成功，则说明已经是一个 expression 了，再判断其后的 tok 标记是否为加或减；如果是，则再读入一个 term，并经过加或减运算之后，仍然属于 expression，这个过程可以反复进行；如果不是，则直接返回 expression 的相关值，见下列代码：

```
long double expr(istream& in)
{
  long double left = term(in);
  for( ; ; )
    switch(token.tok){
      case PLUS:  left += term(in); break;
      case MINUS: left -= term(in); break;
      default: return left;
    }
}
```

一个 term 可能是某个乘、除运算的结果，因此 term 先行识别，是保证加、减、乘、除优先级的处理关键，见下列 term 代码：

```
long double term(istream& in)
{
  long double d, left = prim(in);
  for( ; ; )
    switch(token.tok){
      case MUL:  left *= prim(in); break;
      case DIV:
           d = prim(in);
           if(d==0) throw DivideByZero();
           left /= d; break;
      default:  return left;
    }
}
```

作为 term 识别过程，首先是读入一个 prim，如果成功，则说明已经是一个 term 了；再判断其后的标记 tok 是否为乘或除，如果是，则再读入一个 prim，并经过乘或除运算后，仍然属于 term，这个过程可以反复进行；如果不是，则直接返回 term 相关值。这中间，如果遇到除操作，还要多长一个心眼，看看再读入的 prim 值是否为 0，从而判断除 0 现象，一旦发生除 0，立刻抛出 DivideByZero 异常。

一个 prim 可能是一个名字（变量），可能是一个括号表达式，可能是一个赋值表达式，也可能是一个负数，这给识别 prim 带来了一定的困难，见下列实现代码：

```
//项识别过程
long double prim(istream& in)
{
  token.getTok(in);
  long double e;
  switch(token.tok){
    //作为一个数值识别,后面不能是数值、名字、左括号、等号
    case NUMBER:
      token.getTok(in);
      if(token.tok==NUMBER||token.tok==NAME||token.tok==LP||token.tok==ASSIGN)
        throw UnexpectedToken();
```

```
      return token.value;
    //作为一个名字识别,后面不能是名字、数值、左括号
    case NAME:
      token.getTok(in);
      if(token.tok==NAME||token.tok==NUMBER||token.tok==LP)
        throw UnexpectedToken();
      if(token.tok==ASSIGN){  // 若后面是等号,则直接求值并存储在该名字中
        e = expr(in);
        return table[token.s] = e;
      }
      //名字作为读访问,需要确认其存在性
      if(table.find(token.s)==table.end())
        throw UndefinedVariable();
      return table[token.s];
    case MINUS:  return -prim(in);
    //作为括号表达式识别,需负责处理到出现右括号为止
    case LP:
      e = expr(in);
      if(token.tok!=RP)
        throw RightParenExpected();
      token.getTok(in);
      return e;
    default:  throw PrimaryExpected();  // 其余情况视为项识别错误
  }
}
```

对 prim 的识别过程，首先是读入一个单词，然后看看它是否为 NUMBER、NAME、–prim、(expression)、NAME = expression。

如果是 NUMBER，就再读入一个单词，看看它是否为一个运算符号，或者可能构成正确的表达式应有的符号。如果读入的又是一个 NUMBER，就会把前面的 NUMBER 值冲掉（更新），冲掉也没有关系，因为这种两个 NUMBER 并列的情况是不符合表达式语法的，通过抛出异常而放弃该表达式的值。如果读入的是 NAME、左括号、等号，同样也不符合表达式语法，其值也应予以放弃。

如果是 NAME，就再读入一个单词，看看它是赋值表达式还是名字。如果读入的还是 NAME，或者 NUMBER，或者左括号，那么这一定是一个语法错误，抛出异常吧！如果读入的是等号，那么就读入一个完整的 expr 表达式，以此作为赋值表达式的右边值。同时，将该右边值作为变量名的对应值结对存入 map 容器中。经历这些判断后，剩下的就是确定其是否为已经存在的 NAME，因此在名字表中搜索一下就知道了。

如果是 MINUS（减号），则直接再读入一个 prim，变号返回，作为负值表达式。

如果是“(”（左括号），则再读入一个 expr，之后，判断其 tok 是否为右括号。若不是，则为假表达式，应抛出异常；若是，则再读入一个单词，作为该表达式的尾部符号进行返回，留待后面计算时进一步识别。

如果上述情况都挨不上，则不能作为一个完整的 prim 而接受，应予以抛出异常。

该过程的设计方法，使用了一些递归技巧来满足优先级要求。虽然给定的语法是明确的，但是如何使用该方法，已经超出了初学 C++编程的范围。进一步的编译器设计，涉及计算机语言的编译原理。关于本过程，还可以参见 Bjarne Stroustrup 所著的《C++程序设计语言（特别版）》“一个桌面计算器”。

12.4 实验四

❑ 程序类

计算器求值计算的背后，从解释执行的角度上说，是一个编译器在那里支持工作，但如果从语言的表达式语法构造上来说，是一个程序在那里运行。

一个程序在不断地运行，得到一系列结果。这些结果可能是一些数值，也可能是一些错误信息。根据语言的语法构造，首先构造的是“程序类”，它在初始化以后，便执行成员函数 run，循环往复地读入指令（数据），并使表达式不断变换，从中不断得出结果。这便是对程序的理解（识别一个程序）。见下列程序类代码：

```
//=======================================
//Program.h
//程序类定义
//=======================================
#ifndef PROGRAM_HEADER
#define PROGRAM_HEADER
#include"Expr.h"
//---------------------------------------
class Program{
  Expression ex;
public:
  Program();
  void run();
};//---------------------------------------
#endif  // PROGRAM_HEADER
```

程序类的实体在读入一个单位的表达式（数据）以后，所做的一切词法分析和语法分析都与输入输出无关。语法分析做完后，只是将结果送程序类实体打印。

```
//=======================================
//Program.cpp
//程序类实现
//=======================================
#include"Program.h"
#include"MyExcept.h"
#include<iostream>
#include<cmath>
using namespace std;
//---------------------------------------
```

```
Program::Program(){
  Expression::nameTable["pi"] = M_PI;  // 3.1415926535897932385
  Expression::nameTable["e"] = M_E;    // 2.7182818284590452354
}//------------------------
void Program::run()
{
  cout<<fixed;        //输出格式为保留6位小数
  for(string str; getline(cin, str); ){
    if(str=="") continue;
    ex.init(str);
    try{
      long double d = ex.expr();
      if(ex.getTok()!=END) throw UnexpectedToken();
      cout<<d<<"\n";
    }catch(MyExcept& e){
      cout<<e.getWhat()<<"\n";
    }
  }
}//------------------------------------
```

作为程序类的初始化，应将该程序所能访问的常量值设置好。而驱动该程序时，其输入和输出的格式控制，给表达式初始化的时机，调用其求值函数，还有异常截获，则都需要一一考虑。

❑ 类模块之间的关系

程序类应该包含表达式的词法与语法的处理，但究竟应该怎样包含呢？程序中的表达式就好像是一条一条的语句，是变化的，程序是由表达式（语句）组成的。但是，由于其解释执行的特点，每条语句并不需要保存，因此，比较自然的是程序类中含有一个表达式成员。

表达式的处理包含词法分析与语法分析。语法分析是表达式自身合法性的检查分析，词法分析是语法分析的基础，必须先从词法分析中获得一个一个的"单词"，然后才能得出是否符合程序的语法，因此，单词构成了表达式实体中的成员。与程序中的语句类似，一旦处理完一个单词，其值形式就被计算转移，其运算符形式就被立刻操作，无须保留原来的单词形态，所以表达式类中只含有一个单词实体。它们之间的关系如图 12-3 所示。

抽象编程	类编程	类编程	类编程
主驱动	程序类	表达式类	单词类
Program.h	Program.h	MyExcept.h	MyExcept.h
Calculator.cpp	MyExcept.h	Token.h	Token.h
	Expr.h	Expr.h	**Token.cpp**
	Program.cpp	**Expr.cpp**	

图 12-3　计算器、程序、表达式与单词之间的关系

❑ 表达式类

相应的表达式类代码，其头文件代码如下：

```
//========================================
//Expr.h
//表达式类定义
//========================================
#ifndef EXPRESSION_HEADER
#define EXPRESSION_HEADER
#include"Token.h"
#include<map>
using namespace std;
//----------------------------------------
class Expression{
  Token token;
  long double term();
  long double prim();
public:
  static map<string, long double> nameTable;
  long double expr();
  void init(const string& s){ token.init(s); }
  Tok getTok(){ return token.getTok(); }
};//----------------------------------------
#endif //EXPRESSION_HEADER
```

表达式类中的 init 成员函数，初始化的实际上是单词的状态，将其设置成表达式刚开始处理的词法分析初态。

表达式是否合法，最后的输出状态还需要读取表达式尾部的词形 Tok，需要调用表达式中的成员 getTok，但其实就是调用 Token 类的 getTok。表达式类的相关实现代码如下：

```
//========================================
//Expr.cpp
//表达式类实现
//========================================
#include"Expr.h"
#include"MyExcept.h"
//----------------------------------------
map<string, long double> Expression::nameTable;
//----------------------------------------
long double Expression::expr(){
  long double left = term();
  for( ; ; )
    switch(token.getTok()){
      case PLUS:  left += term(); break;
      case MINUS: left -= term(); break;
      default: return left;
```

```
    }
  }//-----------------------------------
  long double Expression::term(){
    long double d,left = prim();
    for( ; ; )
      switch(token.getTok()){
        case MUL:  left *= prim(); break;
        case DIV:
            d = prim();
            if(d==0) throw DivideByZero();
            left /= d; break;
        default: return left;
      }
  }//-----------------------------------
  long double Expression::prim(){
    Tok t = token.readToken();
    switch(t){
      long double e;
      case NUMBER:
        t = token.readToken();
        if(t==NUMBER||t==NAME||t==LP||t==ASSIGN)
          throw UnexpectedToken();
        return token.getValue();
      case NAME:
        t = token.readToken();
        if(t==NAME||t==NUMBER||t==LP)
          throw UnexpectedToken();
        if(t==ASSIGN)
          return nameTable[token.getName()] = expr();
        if(nameTable.find(token.getName())==nameTable.end())
          throw UndefinedVariable();
        return nameTable[token.getName()];
      case MINUS:  return -prim();
      case LP:
        e = expr();
        if(token.getTok()!=RP)
          throw RightParenExpected();
        token.readToken();
        return e;
      default:  throw PrimaryExpected();
    }
  }//-----------------------------------
```

表达式类维护着一张静态的名字表，以便后面引用的名字可以到名字表中寻找相关值。

与实验三类似，expr 是一个递归过程，它识别一个表达式。一旦一个表达式被识别，其实体中存放的 tok 便是紧跟表达式尾部的下一个标记，一般情况下为 END，也可能是求括号表达式时的“(”(右括号)。

Term 成员函数总是识别一个项，即返回完成乘除计算的数值，遇到加减则返回值，遇到乘除则计算。这一规则实际上决定了乘除操作的优先级高于加减操作。

一个项总是由初等项决定，初等项可以是括号表达式、负表达式、赋值表达式以及名字及数值，因此识别初等项 prim 的过程相对复杂一些。

❑ 单词类

prim 总是调用 readToken，才能识别语法的初等项。Token 中含有一些数据和操作，其头文件和实现文件代码如下：

```
//======================================
//Token.h
//单词类定义
//======================================
#ifndef TOKEN_HEADER
#define TOKEN_HEADER
#include<sstream>
using namespace std;
//--------------------------------------
enum Tok{ NAME,NUMBER,END,PLUS='+',MINUS='-',MUL='*',DIV='/',
          ASSIGN='=',LP='(',RP=')'};
//--------------------------------------
class Token{
  istringstream _in;
  Tok _tok;
  long double _value;
  string _s;
public:
  void init(const string& s);
  Tok readToken();
  Tok getTok()const{ return _tok; }
  long double getValue(){ return _value; }
  string getName(){ return _s; }
};//------------------------------------
#endif  //TOKEN_HEADER
```

Tok 是一个全局数据，用于识别语法和词法。Token 总是表达式类中的一个成员，因此，当一个新的表达式开始解释计算时，它便被初始化。Token 的初始化包含一个表达式的字串流，以及三个数据成员。字串流与过程化版本差别比较大，在类中更强调职责分明，因而将表达式的字串流操作归为词法分析所有，显得更为合理。

注意 readToken 与 getTok 的区别。readToken 是到字串流中去读一个完整的单词，而 getTok 只是取实体中现成的_tok 标记。Token 的实现代码如下：

```
//======================================
//Token.cpp
```

```
//单词类实现
//==================================
#include"Token.h"
#include"MyExcept.h"
//----------------------------------
void Token::init(const string& s){
  _in.clear();
  _in.str(s);
  _tok = END;
  _value = 0;
  _s = "";
}//----------------------------------
Tok Token::readToken(){
  char ch;
  while(_in>>ch && ch==' ');
  if(!_in){ return _tok = END; }
  switch(ch){
    case MUL: case DIV: case PLUS: case MINUS:
    case LP: case RP: case ASSIGN:
      return _tok = Tok(ch);
    case '0': case '1': case '2': case '3': case '4': case '5':
    case '6': case '7': case '8': case '9': case '.':
      _in.putback(ch);
      _in>>_value;
      return _tok = NUMBER;
    default:
      if(!isalpha(ch)) throw BadToken();
      _s = ch;
      for(int i=2; _in.get(ch) && isalnum(ch); _s+=ch, i++)
        if(i>20) throw TooLongOfNameLength();
      _in.putback(ch);
      return _tok = NAME;
  }
}//----------------------------------
```

在这个解释型的“语言”中，程序类、表达式类和单词类可以是捆绑的，因为谁也离不开谁。这个捆绑体可以独立出来，作为一个语言解释器。真正的编译器就是从这样的一个雏形再慢慢扩充起来的，当中要考虑的东西还有很多。

12.5 实验五

□ 方案设计

与实验四不同的是，解释处理的数据类型不是浮点型，而是大整数型，因此，程序所要表达的结构变成了如图 12-4 所示。

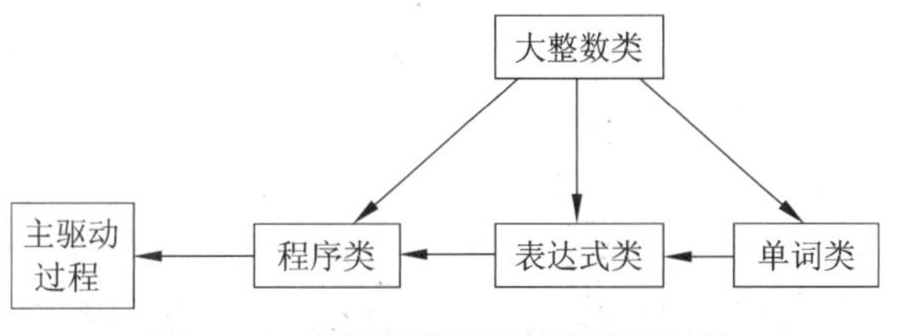

图 12-4　大整数类的计算器设计结构

在这样一个结构下，可以得出主驱动程序不变，因为它还没有涉及大整数类。

❑ 大整数类维护

因为大整数在这里需要一些诸如“+=”“-=”的数据操作，所以在实验一中设计的大整数类要做一些界面维护。再将加、减、乘、除、取模操作直接写成操作符，于是可以得到扩充的大整数类如下：

```
//========================================
//StrInt, + - * /(整除) % (取模)
//========================================
#ifndef STRINT_HEADER
#define STRINT_HEADER
#include<iostream>
using namespace std;
//----------------------------------------
class StrInt{
  enum { BYTENUM = 200 };
  string _sign;
  string _num;
public:
  StrInt(const string& a = "0" );
  StrInt(const string& sign, const string& num);
  friend StrInt operator+( const StrInt& a, const StrInt& b );
  friend StrInt operator-( const StrInt& a, const StrInt& b );
  friend StrInt operator*( const StrInt& a, const StrInt& b );
  friend StrInt operator/( const StrInt& a, const StrInt& b );
  friend StrInt operator%( const StrInt& a, const StrInt& b );
  StrInt& operator+=(const StrInt& a){ return *this = *this + a; }
  StrInt& operator-=(const StrInt& a){ return *this = *this - a; }
  StrInt& operator*=(const StrInt& a){ return *this = *this * a; }
  StrInt& operator/=(const StrInt& a){ return *this = *this / a; }
  StrInt& operator%=(const StrInt& a){ return *this = *this % a; }
  friend bool operator==(const StrInt& a, const StrInt& b);
  StrInt operator-()const{ return StrInt((_sign==""?"-":""),_num); }
  friend istream& operator>>(istream& in, StrInt& a);
  friend ostream& operator<<(ostream& out, const StrInt& a);
};//----------------------------------------
#endif  //STRINT_HEADER
```

在+、–、*、/、%操作已经实现的基础上，再实现+=、–=、*=、/=、%=就比较容易了。注意到+=之类的操作都是赋值操作，所以返回类型需要 StrInt 类型的左值，而且还不能转换类型，也不需要转换，即不能设计成友元成员函数。除此之外，还添加了负号操作和相等比较操作。相等比较中的两个操作数，其中之一可能有类型转换，所以需要友元；而负号操作只能返回一个数值，不能改变原数值，所以一定不能是普通成员函数，而应是常成员函数，而且所返回的值应该是 StrInt 的一份拷贝，不能与别的 StrInt 实体共用，因此不能引用返回。

在 StrInt 的实现 StrInt.cpp 中，仅增加了一个比较函数的实现。在构造函数的数串校验中，增加了对数串每位数字位的检查，因为在读入表达式的各个单词中，碰到非法数串的机会增大。

❑ 程序类维护

在大整数的计算器中，不再需要常数 π 和 e，所以也不再需要程序类的构造函数了；程序的职能只在于包含表达式实体，并且从头至尾地处理系列的表达式。其头文件简单地编码如下：

```
//======================================
//Program.h
//程序类定义
//======================================
#ifndef PROGRAM_HEADER
#define PROGRAM_HEADER
#include"Expr.h"
//--------------------------------------
class Program{
  Expression ex;
public:
  void run();
};//------------------------------------
#endif  // PROGRAM_HEADER
```

其实现文件如下：

```
//======================================
//Program.cpp
//程序类实现
//======================================
#include"Program.h"
#include"MyExcept.h"
#include"StrInt.h"
#include<iostream>
#include<cmath>
using namespace std;
//--------------------------------------
void Program::run(){
```

```
  cout<<fixed;
  for(string str; getline(cin, str); ){
    if(str=="") continue;
    ex.init(str);
    try{
      StrInt d = ex.expr();
      if(ex.getTok()!=END) throw UnexpectedToken();
      cout<<d<<"\n";
    }catch(MyExcept& e){
      cout<<e.getWhat()<<"\n";
    }
  }
}//---------------------------------------
```

由代码可以看出，其所有的 long double 类型都已经换成了大整数 StrInt。

❑ 表达式类维护

表达式类所处理的数据类型也都换成了大整数 StrInt，其头文件代码如下：

```
//=======================================
//Expr.h
//表达式类定义
//=======================================
#ifndef EXPRESSION_HEADER
#define EXPRESSION_HEADER
#include"Token.h"
#include"StrInt.h"
#include<map>
using namespace std;
//---------------------------------------
class Expression{
  Token token;
  StrInt term();
  StrInt prim();
public:
  static map<string, StrInt> nameTable;
  StrInt expr();
  void init(const string& s){ token.init(s); }
  Tok getTok(){ return token.getTok(); }
};//---------------------------------------
#endif  //EXPRESSION_HEADER
```

其实现代码中，也只是加了关于取模操作的处理，这实际上是对语法变动所做的改动而已，代码如下：

```
//=======================================
//Expr.cpp
//表达式类实现
```

```
//==================================
#include"Expr.h"
#include"MyExcept.h"
#include"StrInt.h"
//----------------------------------
map<string, StrInt> Expression::nameTable;
//----------------------------------
StrInt Expression::expr(){
  StrInt left = term();
  for( ; ; )
    switch(token.getTok()){
      case PLUS:  left += term(); break;
      case MINUS: left -= term(); break;
      default: return left;
    }
}//----------------------------------
StrInt Expression::term(){
  StrInt d,left = prim();
  for( ; ; )
    switch(token.getTok()){
      case MUL: left *= prim(); break;
      case DIV: left /= prim(); break;
      case MOD: left %= prim(); break;
      default: return left;
    }
}//----------------------------------
StrInt Expression::prim(){
  Tok t = token.readToken();
  StrInt e;
  switch(t){
    case NUMBER:
      t = token.readToken();
      if(t==NUMBER||t==NAME||t==LP||t==ASSIGN)
        throw UnexpectedToken();
      return token.getValue();
    case NAME:
      t = token.readToken();
      if(t==NAME||t==NUMBER||t==LP)
        throw UnexpectedToken();
      if(t==ASSIGN)
        return nameTable[token.getName()] = expr();
      if(nameTable.find(token.getName())==nameTable.end())
        throw UndefinedVariable();
      return nameTable[token.getName()];
    case MINUS:  return -prim();
    case LP:
      e = expr();
```

```
      if(token.getTok()!=RP)
        throw RightParenExpected();
      token.readToken();
      return e;
    default:  throw PrimaryExpected();
  }
}//--------------------------------------
```

❑ 单词类维护

相应地，对单词类所做的改动也不大，在更换了 long double 类型和增加了识别的单词 MOD（%）后，其他几乎没有什么变动，单词类头文件的代码如下：

```
//=======================================
//Token.h
//单词类定义
//=======================================
#ifndef TOKEN_HEADER
#define TOKEN_HEADER
#include"StrInt.h"
#include<sstream>
using namespace std;
//--------------------------------------
enum Tok{ NAME,NUMBER,END,PLUS='+',MINUS='-',MUL='*',DIV='/',
          MOD='%',ASSIGN='=',LP='(',RP=')'};
//--------------------------------------
class Token{
  istringstream _in;
  Tok _tok;
  StrInt _value;
  string _s;
public:
  void init(const string& s);
  Tok readToken();
  Tok getTok()const{ return _tok; }
  StrInt getValue()const{ return _value; }
  string getName()const{ return _s; }
};//--------------------------------------
#endif  //TOKEN_HEADER
```

单词类的实现代码如下：

```
//=======================================
//Token.cpp
//单词类实现
//=======================================
#include"Token.h"
#include"MyExcept.h"
```

```
//------------------------------------
void Token::init(const string& s){
  _in.clear();
  _in.str(s);
  _tok = END;
  _value = StrInt();
  _s = "";
}//------------------------------------
Tok Token::readToken(){
  char ch;
  while(_in>>ch && ch==' ');
  if(!_in){ return _tok = END; }
  switch(ch){
    case MUL: case DIV: case MOD: case PLUS:
    case MINUS: case LP: case RP: case ASSIGN:
      return _tok = Tok(ch);
    case '0': case '1': case '2': case '3': case '4': case '5':
    case '6': case '7': case '8': case '9':
      _in.putback(ch);
      _in>>_value;
      return _tok = NUMBER;
    default:
      if(!isalpha(ch)) throw BadToken();
      _s = ch;
      for(int i=2; _in>>ch && isalnum(ch); _s+=ch, i++)
        if(i>20) throw TooLongOfNameLength();
      _in.putback(ch);
      return _tok = NAME;
  }
}//------------------------------------
```

需要注意的是，数串后面的运算符如果与数串之间没有空格，将被误认为是数串的组成部分而产生 MyIllegal 异常；数串与最后的分号之间如果没有空格，也将发出 MyIllegal 异常而不是 BadToken 异常。这里有一些微小的差别。

❑ 异常类的维护

大整数的异常类型和表达式的异常类型有一些是共同的，如除 0 异常，因此在代码中不用重复判断除 0，让大整数的操作去做这件事吧，省得在 term 项识别中再去判断了。另有一些异常是不同的，例如大整数中有操作符非法和数串非法，因此，合并这些异常类型是正解。异常类型如下：

```
//======================================
//MyExcept.h用于calculator
//异常类定义及实现
//======================================
#ifndef MYEXCEPT_HEADER
```

```
#define MYEXCEPT_HEADER
class MyExcept{
public:
  virtual char* getWhat()=0;
};//-----------------------------------
class DivideByZero : public MyExcept{
public:
  char* getWhat(){ return "Divide By Zero"; }
};//-----------------------------------
class RightParenExpected : public MyExcept{
public:
  char* getWhat(){ return "Right Parentheses Expected"; }
};//-----------------------------------
class PrimaryExpected : public MyExcept{
public:
  char* getWhat(){ return "Primary Expected"; }
};//-----------------------------------
class BadToken : public MyExcept{
public:
  char* getWhat(){ return "Bad Token"; }
};//-----------------------------------
class UnexpectedToken : public MyExcept{
public:
  char* getWhat(){ return "Unexpected Token"; }
};//-----------------------------------
class TooLongOfNameLength : public MyExcept{
public:
  char* getWhat(){ return "Too Long of Name Length"; }
};//-----------------------------------
class UndefinedVariable : public MyExcept{
public:
  char* getWhat(){ return "Undefined Variable"; }
};//-----------------------------------
class MyTooLarge : public MyExcept{
public:
  char* getWhat(){ return "Too Large Number"; }
};//-----------------------------------
class MyIllegal : public MyExcept{
public:
  char* getWhat(){ return "Illegal Number"; }
};//-----------------------------------
class MyIllegalOp : public MyExcept{
public:
  char* getWhat(){ return "Illegal Operator"; }
};//-----------------------------------
#endif  //MYEXCEPT_HEADER
```

附录A 实验操作指南

初学 C++编程的实验环境，没有硬性规定，书中只提供在标准 C++环境下的代码，已经在 BCB6（Borland C++ Builder 6）环境下运行通过。在 VC6 环境下，稍做修改即可通过。书中推荐的实验环境，强调以下几个方面。

（1）系统安装简单，即使是大型软件，也只需要安装其中的部分。

（2）系统使用简单，只要求使用部分功能，能创建和运行控制台（Console）项目即可。

（3）帮助系统友好，易懂易学。

（4）编译器的 C++标准化程度尽可能高。

A.1 BCB6 安装说明

BCB6 是一个以 C++为编译器的大型集成开发环境，如果全部安装则会占用许多硬盘空间，对初学者来说也无必要。因此，安装时应去掉 visibroke 开发工具包和 interBase 数据库安装，其他按默认选项安装即可。

A.2 BCB6 操作介绍

❑ 启动界面

若没有专门设置，则启动时的初始界面如图 A-1 所示。

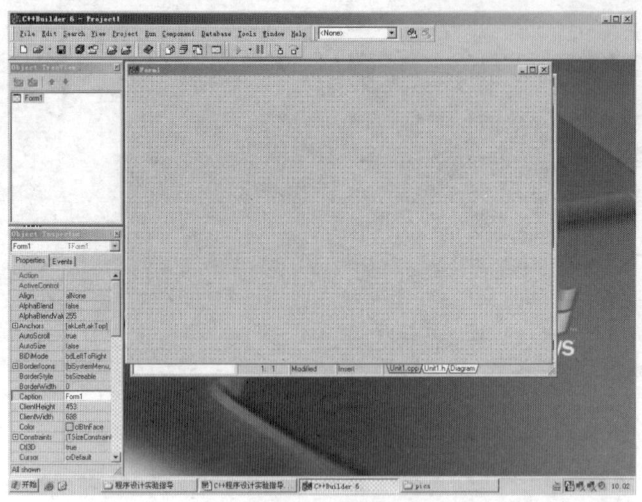

图 A-1　Borland C++ Builder 6 的启动界面

为了让 BCB6 处于一切皆无的原始状态，将启动时默认创建的 Application 工程关闭：只要选择 File|Close All 即可。

BCB6 关门 Application 工程界面如图 A-2 所示。

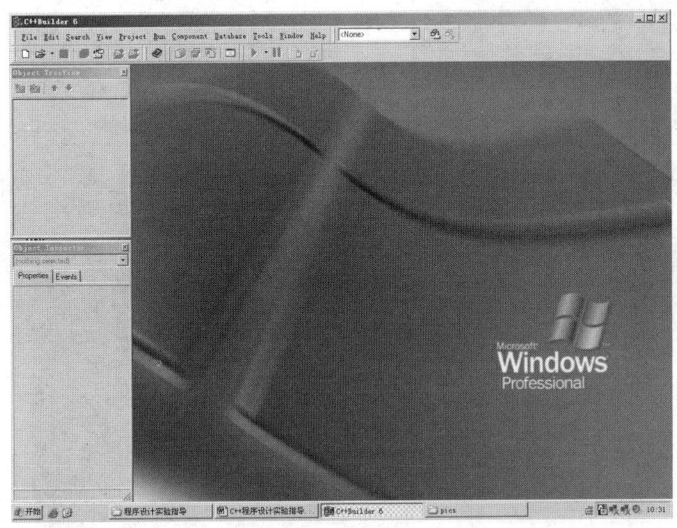

图 A-2 BCB6 关闭 Application 工程界面

❑ 创建 Console 工程

初学 C++时，只要求对 C++语言的程序结构和运行机理进行了解，更多的是学习如何用程序语言来表达算法思想，从而展开深层次的逻辑思考。因此，选定简单的控制台（Console）程序开发模式。

创建 Console 工程时，先在工程开发选择对话框中选定 Console Wizard 选项。

（1）选择 File | New 或选中菜单下面的工具栏 new 按钮，打开 New Items 选项卡，见图 A-3。

（2）选中 Console Wizard，并单击 OK 按钮确认，见图 A-4。

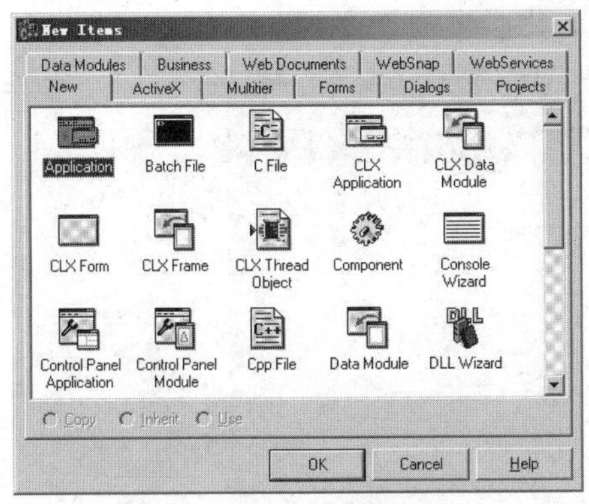

图 A-3 New Items 选项卡

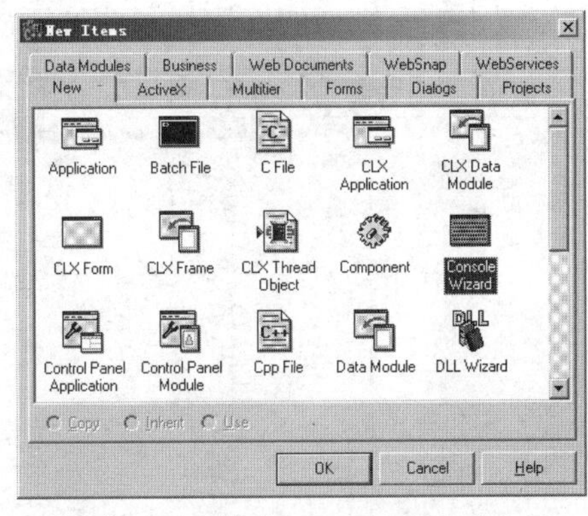

图 A-4 选中 Console Wizard

然后在 Console Wizard 对话框中进行选择，见图 A-5。C++编程是默认选项，初学者首先学习使用 C++语句编程，暂不涉及开发工具提供的专用资源（VCL、CLX、Multi Threaded），因此也不需要进行这些资源的相关设置。

（3）单击 UseVCL 复选框（去掉复选框中的√），见图 A-6。

（4）单击 MultiThreaded 复选框（去掉复选框中的√），见图 A-6。单击 OK 按钮确认，弹出如图 A-7 所示的对话框。

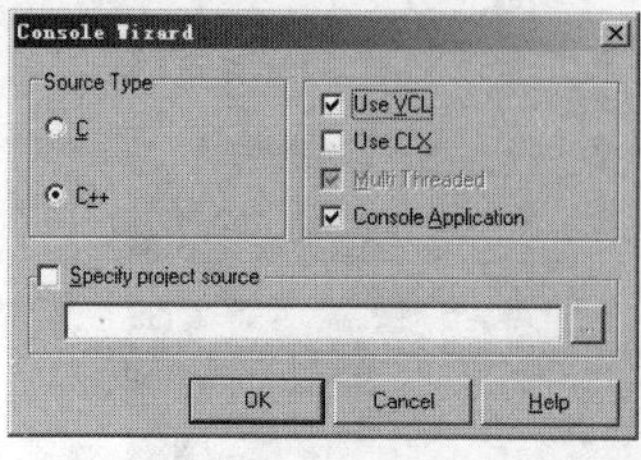

图 A-5　Console Wizard 对话框

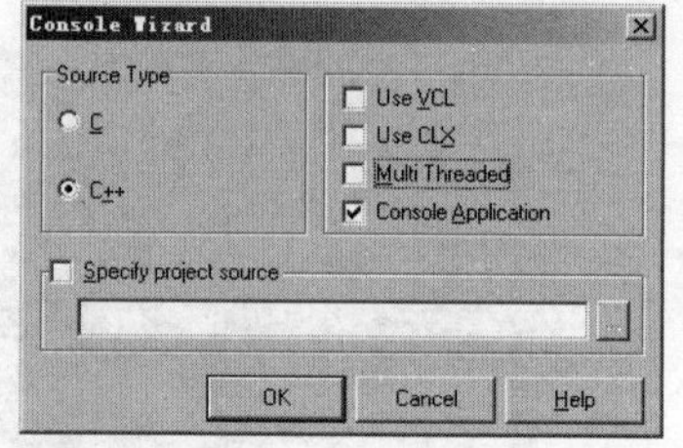

图 A-6　选定 Console Application

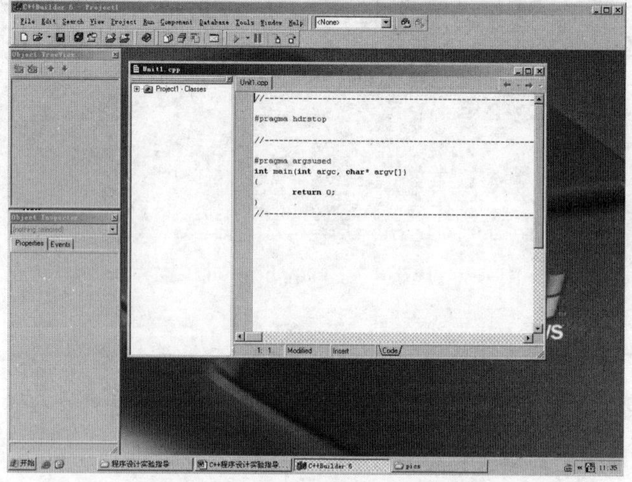

图 A-7　创建 Console 工程之初

❑ 工程窗口调整

为了使操作方便，可将主操作环境最大化。

（1）双击编辑窗口的标题栏，使编辑窗口最大化，见图 A-8。

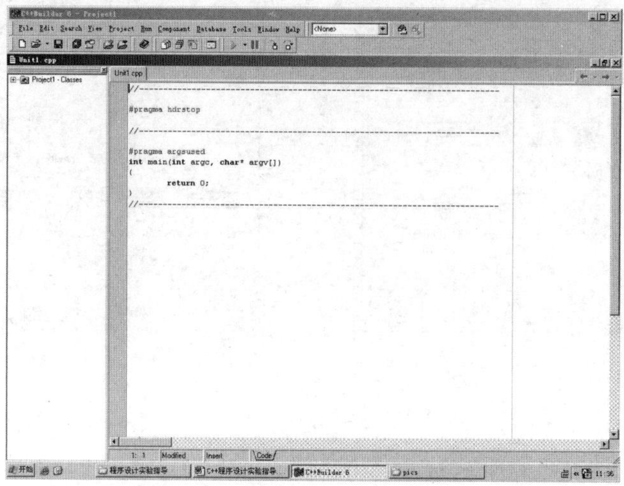

图 A-8　编辑窗口呈最大化

同时为从长计议，在代码编辑窗口左侧显示工程管理窗口，将会带来很多操作方便。

（2）选择 View|Project Manager，弹出工程管理窗口，见图 A-9。

（3）拖住工程管理窗口顶上的蓝条缓慢向左平移，至形状改变成长方形，释放鼠标键。

（4）单击去掉左边的 Project-class 管理窗口，见图 A-10，使之变成如图 A-11 所示的界面。

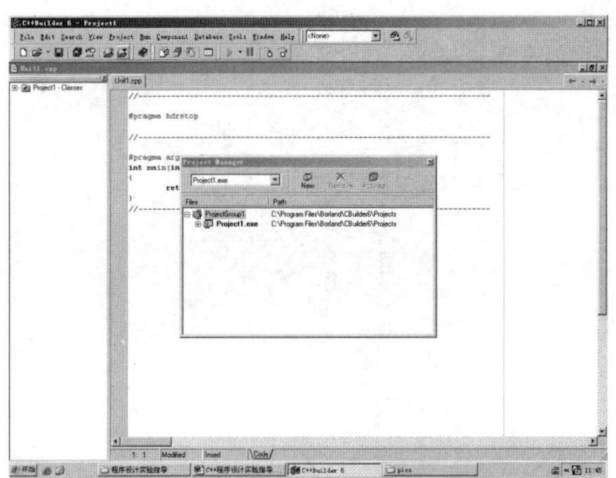

图 A-9　弹出的工程管理窗口

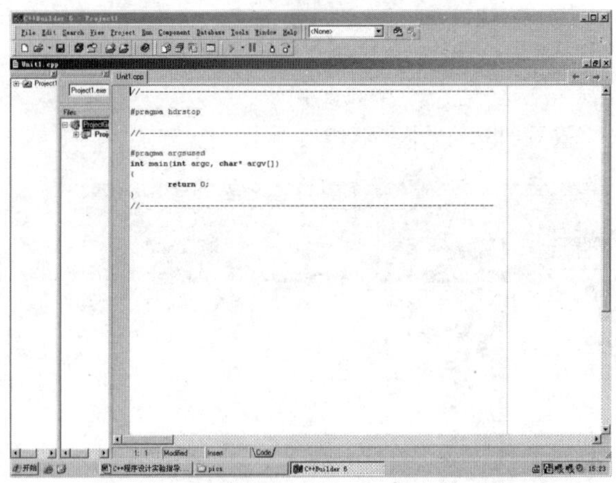

图 A-10　将工程管理窗口移至编辑窗口的左侧

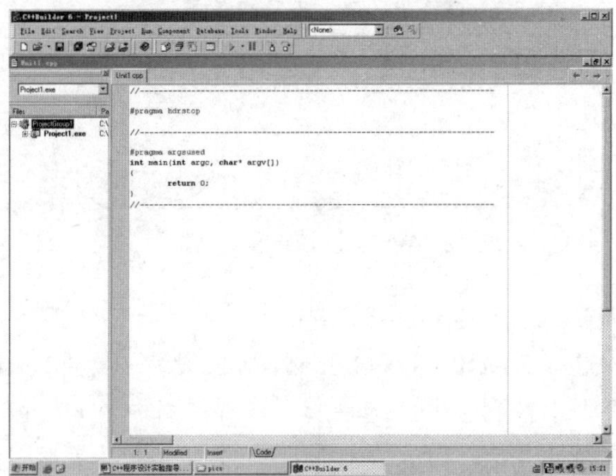

图 A-11　工程管理窗口置于左侧

□ 工程路径设置

先使工程管理窗口变大，即将中间条往右移一些，以便看清楚路径设置操作。

（1）拖动编辑窗口与工程管理窗口的边界，扩大工程管理窗口，见图 A-12。

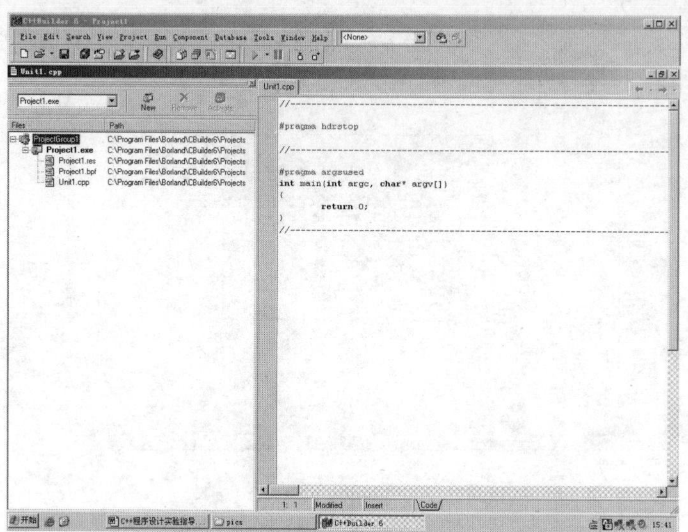

图 A-12　扩大工程管理窗口

然后，打开路径设置对话框，见图 A-13。

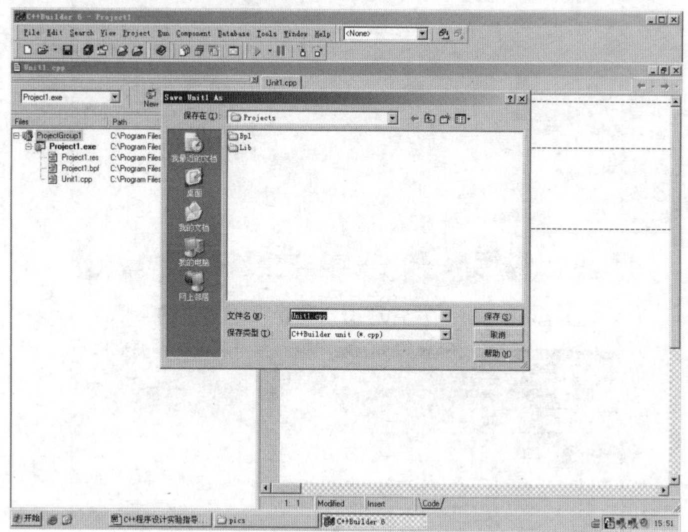

图 A-13　路径设置对话框

（2）右击工程管理窗口上方的 ProjectGroup1。

（3）在下拉菜单中选择 Save Project Group As。假设编程文件夹为 F:\qn\first。

（4）单击“保存在”下拉列表框，选择所要设置的路径至 F:\qn\first，见图 A-14。

（5）单击“保存”按钮三次，分别保存程序文件、工程以及工程群在 first 文件夹中，见图 A-15。

图 A-14　选择 F:\qn\first

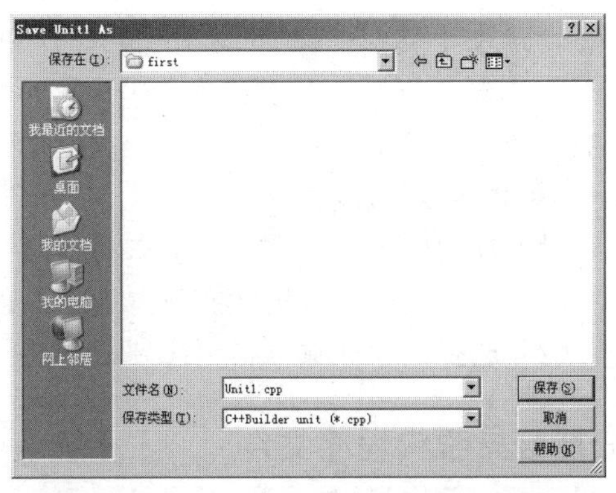

图 A-15　工程保存在 first 文件夹中

（6）通过移动编辑窗口与管理窗口边界，将工程管理窗口缩小，最终完成 Console 工程创建工作，见图 A-16。

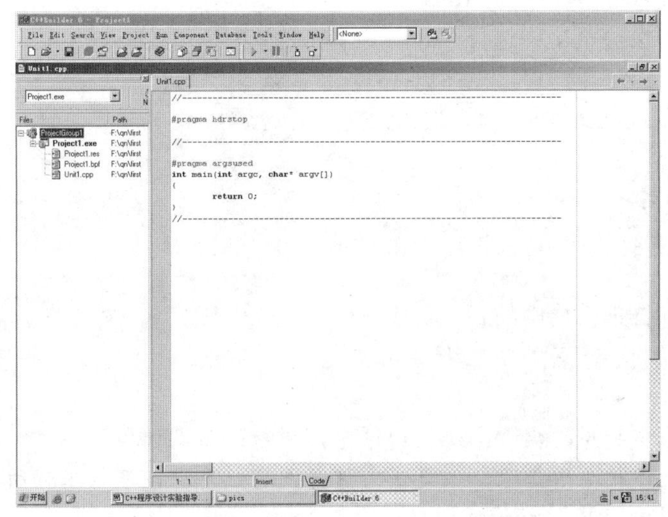

图 A-16　一个 Console 工程开发界面

□ 创建各种文件

1 在工程中创建.cpp 文件

（1）选择 File|New。

（2）在打开的 New 选项卡中选择 Cpp File，见图 A-17。

之后就可以在工程中得到一个默认名为 File1.cpp 的代码文件。

（3）随后就可以在编辑窗口任意编辑，并且可以通过右击工程管理窗口的该文件名，在弹出的快捷菜单中选择 Save As，将文件名重命名。

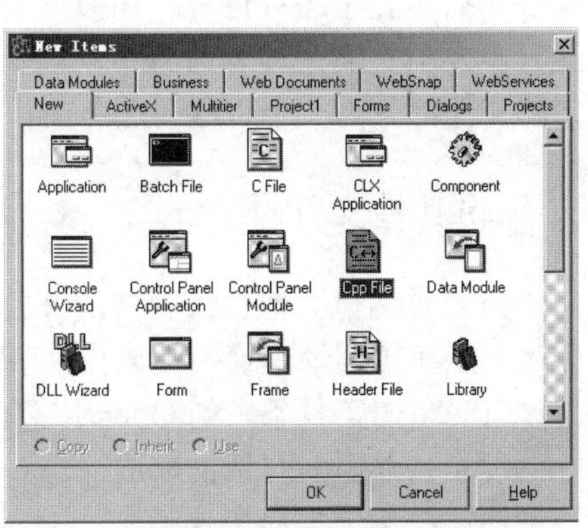

图 A-17　选择 Cpp File

2 创建.h 头文件及.txt 数据文件

如果要创建.h 头文件以及.txt 数据文件，与创建.cpp 文件操作类似，只要在图 A-17 的

New 选项卡中分别选择 Header File 或 Text 即可。只不过这时候，文件不会在工程中出现，而是在编辑窗口上方的卡片条上出现，说明只对该文件提供编辑服务，因为数据文件是不参加编译的，头文件也是不直接参加编译的。

3 更改文件路径

对于任何所创建的文件，应该将其路径改到工程所驻留的路径之下，方法如下。

（1）在当前文件编辑状态下，选择 File|Save As。

（2）选择路径和输入自己想要取的文件名。

❑ 挂接与脱钩程序文件

1 挂接程序文件

如果一个.cpp 文件已经在别的地方被创建，要加到工程中，可以将该文件复制到工程所在的路径下。

（1）右击工程管理窗口中的 Project1.exe。

（2）在弹出的快捷菜单中选择 Add，会弹出添加文件到工程的选择窗口，见图 A-18。

（3）选择某个代码文件后，该文件便添加到当前的工程中了。

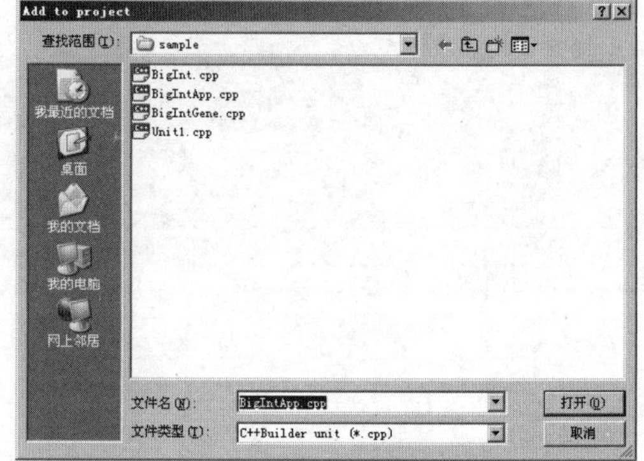

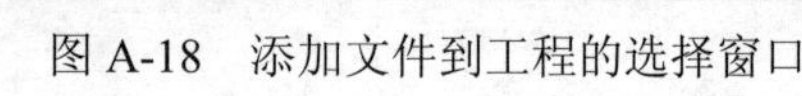
图 A-18　添加文件到工程的选择窗口

2 脱钩程序文件

如果要去掉工程中的某个文件，其步骤如下。

（1）右击工程管理窗口中的.cpp 文件名。

（2）在弹出的快捷菜单中选择 Remove From Project。

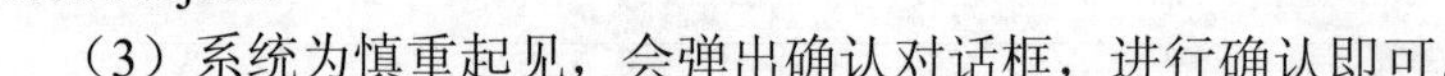

（3）系统为慎重起见，会弹出确认对话框，进行确认即可。

注意：虽然文件脱离了工程，但是该文件并没有被删除，还在工程所在的路径中。

一个工程可以拥有若干.cpp 代码文件。初学时，程序规模比较小，一个代码文件能够清楚地描述整个运行过程，所以一开始工程中的代码文件总是只有一个。随着编程学习的深入，为了更清楚地表达各个功能模块，需要剖分代码到不同的代码文件中，这些剖分的代码文件都是为一个工程而服务的，所以这时工程中含有若干代码文件。

❑ 编辑其他文件

如果要编辑其他已经存在的文件，首先要打开文件。这些文件因为不是工程中的一部分，无法在工程管理窗口中操作。其操作步骤如下。

（1）单击工具条中的 Open 按钮。

（2）在弹出的对话框中选择想要打开的文件名。

注意：所选择的文件不是添加到工程中，而是作为普通编辑目的而打开的。通过选择路径，以及选择文件类型（扩展名），以寻找某个路径下是否存在想要打开的文件。

需要注意的是，工程运行所需要的头文件和数据文件，应该在该工程路径中，可以通过文件路径修改得到，方法是选择 File|Save As。

附录B　BCB6 常见编译错误

具体内容请扫描下方二维码学习。

扫一扫

文档

附录C 网上提交在线判题系统（OPS）使用说明

具体内容请扫描下方二维码学习。

扫一扫

文档